中国通信学会5G+行业应用培训指导用书

U0192482

5G+网络空间安全

中国产业发展研究院　**组编**

主　编　刘红杰　刘银龙

副主编　耿立茹　洪卫军

参　编　刘海涛　李　婷　梁　杰

主　审　程新洲

机 械 工 业 出 版 社

本书作为"中国通信学会5G+行业应用培训指导用书"之一,针对5G给网络空间安全带来的变化和挑战,结合5G应用展开讨论。全书共6章,分别对什么是5G、5G网络的核心技术、新基建体系下的网络空间安全需求、5G背景下的安全策略、基于5G的网络空间安全保障技术、5G新生态下的安全问题等内容进行了较为系统的讲解。

本书可作为5G与网络空间安全领域的科普型读物,供高等院校信息与通信系统、网络空间安全等专业的学生阅读,也可作为信息科学领域科研人员和工程技术人员的参考资料。本书期望达到"深入"5G之道普及原理知识,"浅出"5G案例指导实际工作的目的,使读者在5G理论和实践两方面都有收获。

图书在版编目(CIP)数据

5G+网络空间安全 / 中国产业发展研究院组编;刘红杰,
刘银龙主编. —北京:机械工业出版社,2022.3
中国通信学会5G+行业应用培训指导用书
ISBN 978-7-111-69967-5

Ⅰ.①5… Ⅱ.①中… ②刘… ③刘… Ⅲ.①第五代移动
通信系统–网络安全 Ⅳ.①TN915.08

中国版本图书馆CIP数据核字(2021)第267417号

机械工业出版社(北京市百万庄大街22号 邮政编码100037)
策划编辑:陈玉芝 张雁茹 责任编辑:陈玉芝 张雁茹 王 芳
责任校对:张亚楠 责任印制:李 昂
北京中兴印刷有限公司印刷

2022年2月第1版·第1次印刷
184mm×240mm·9.5印张·145千字
标准书号:ISBN 978-7-111-69967-5
定价:69.00元

电话服务 网络服务
客服电话:010-88361066 机 工 官 网:www.cmpbook.com
010-88379833 机 工 官 博:weibo.com/cmp1952
010-68326294 金 书 网:www.golden-book.com
封底无防伪标均为盗版 机工教育服务网:www.cmpedu.com

序 一

以 5G 为代表的新一代移动通信技术蓬勃发展，凭借高带宽、高可靠低时延、海量连接等特性，其应用范围远远超出了传统的通信和移动互联网领域，全面向各个行业和领域扩展，正在深刻改变着人们的生产生活方式，成为我国经济高质量发展的重要驱动力量。

5G 赋能产业数字化发展，是 5G 成功商用的关键。2020 年被业界认为是 5G 规模建设元年。尽管有新冠肺炎疫情影响，但是我国 5G 发展依旧表现强劲，5G 推进速度全球领先。5G 正给工业互联、智能制造、远程医疗、智慧交通、智慧城市、智慧政务、智慧物流、智慧医疗、智慧能源、智能电网、智慧矿山、智慧金融、智慧教育、智能机器人、智慧电影、智慧建筑等诸多行业带来融合创新的应用成果，原来受限于网络能力而体验不佳或无法实现的应用，在 5G 时代将加速成熟并大规模普及。

目前，各方正携手共同解决 5G 应用标准、生态、安全等方面的问题，抢抓经济社会数字化、网络化、智能化发展的重大机遇，促进应用创新落地，一同开启新的无限可能。

正是在此背景下，中国通信学会与中国产业发展研究院邀请众多资深学者和业内专家，共同推出"中国通信学会 5G + 行业应用培训指导用书"。本套丛书针对行业用户，深度剖析已落地的、部分已有成熟商业模式的 5G 行业应用案例，透彻解读技术如何落地具体业务场景；针对技术人才，用清晰易懂的语言，深入浅出地解读 5G 与云计算、大数据、人工智能、区块链、边缘计算、数据库等技术的紧密联系。最重要的是，本套丛书从实际场景出发，结合真实有深度的案例，提出了很多具体问题的解决方法，在理论研究和创新应用方面做了深入探讨。

这样角度新颖且成体系的 5G 丛书在国内还不多见。本套丛书的出版，无疑是为探索 5G 创新场景，培育 5G 高端人才，构建 5G 应用生态圈做出的一次积极而有益的尝试。相信本套丛书一定会使广大读者获益匪浅。

中国科学院院士

艾国祥

序 二

在新一轮全球科技革命和产业变革之际，中国发力启动以 5G 为核心的"新基建"以推动经济转型升级。2021 年 3 月公布的《中华人民共和国国民经济和社会发展第十四个五年规划和 2035 年远景目标纲要》（简称《纲要》）中，把创新放在了具体任务的第一位，明确要求，坚持创新在我国现代化建设全局中的核心地位。《纲要》单独将数字经济部分列为一篇，并明确要求推进网络强国建设，加快建设数字经济、数字社会、数字政府，以数字化转型整体驱动生产方式、生活方式和治理方式变革；同时在"十四五"时期经济社会发展主要指标中提出，到 2025 年，数字经济核心产业增加值占 GDP 比重提升至 10%。

5G 作为支撑经济社会数字化、网络化、智能化转型的关键新型基础设施，目前，在"新基建"政策驱动下，全国各省市积极布局，各行业加速跟进，已进入规模化部署与应用创新落地阶段，渗透到政府管理、工业制造、能源、物流、交通运输、居民生活等众多领域，并逐步构建起全方位的信息生态，开启万物互联的数字化新时代，对建设网络强国、打造智慧社会、发展数字经济、实现我国经济高质量发展具有重要战略意义。

中国通信学会作为隶属于工业和信息化部的国家一级学会，是中国通信界学术交流的主渠道、科学普及的主力军，肩负着开展学术交流，推动自主创新，促进产、学、研、用结合，加速科技成果转化的重任。中国产业发展研究院作为专业研究产业发展的高端智库机构，在促进数字化转型、推动经济高质量发展领域具有丰富的实践经验。

此次由中国通信学会和中国产业发展研究院强强联合，组织各行业众多专家编写的"中国通信学会 5G + 行业应用培训指导用书"系列丛书，将以国家产业政策和产业发展需求为导向，"深入"5G之道普及原理知识，"浅出"5G案例指导实际工作，使读者通过本套丛书在5G理论和实践两方面都获得教益。

本系列丛书涉及数字化工厂、智能制造、智慧农业、智慧交通、智慧城市、智慧政务、智慧物流、智慧医疗、智慧能源、智能电网、智慧矿山、智慧金融、智慧教育、智能机器人、智慧电影、智慧建筑、5G网络空间安全、人工智能、边缘计算、云计算等5G相关现代信息化技术，直观反映了5G在各地、各行业的实际应用，将推动5G应用引领示范和落地，促进5G产品孵化、创新示范、应用推广，构建5G创新应用繁荣生态。

中国通信学会秘书长

前　言

　　随着移动通信技术的飞速发展以及智能终端的不断普及，移动数据流量呈指数级增长。为了满足未来社会发展的通信需求，5G（第五代移动通信技术）应运而生。5G 作为实现万物泛在互联、人机深度交互、智能引领变革的新型基础设施，其应用场景从移动互联网拓展到工业物联网、车联网、医疗健康等多个领域。5G 极大地加快了数据的传输速度，显著提升了信息的交换效率。然而，"每枚硬币都有两面"，5G 造福社会和人民的同时，也引发了新的网络空间安全风险。

　　在 5G 不断发展的背景之下，大数据、云计算以及物联网呈现新的态势，同时也带来更多的安全问题。如何在享受 5G 发展带来的便利的同时，保障新型网络空间安全，成为当下国内外研究的重点。5G 背景下的网络空间安全风险可能是多维度和多场景的。首先，5G 网络自身可能带来核心技术安全性以及系统架构安全性的风险，因此研究 5G 网络自身的安全体系架构成为 5G + 网络空间安全的首要任务。其次，国家、社会、企业以及个人层面都会受到 5G 网络的影响，因此在各个层面上进行 5G + 网络空间安全防护也同等重要。最后，5G 时代是"万物互联"以及多应用场景的时代，各个行业应用 5G 之后的安全风险，将在包括网络运营商、设备供应商、行业应用服务提供商等在内的 5G 产业生态下产生叠加，因此 5G 行业新形态下的安全保障也值得关注。

　　本书共分为 6 章，内容由浅入深、通俗易懂，涵盖了 5G 背景下的网络空间安全问题以及安全保障建议。

　　第 1 章回顾了历代移动通信技术的演进历程，介绍了 5G 的新特性。通过列举多项 5G 在垂直行业中的应用，进一步分析了 5G 对推动社会发展的意义。最后，参考科学研究前沿，展望了后 5G 时代的发展方向。

第 2 章介绍了 5G 网络的核心技术，包括 5G 的网络架构、软件定义网络（SDN）、网络切片、边缘计算技术和网络能力开放等，为本书后面的章节提供了基础性的知识。

第 3 章介绍了新基建体系下的网络空间安全需求。新基建是一个与传统基建相对的概念。本章首先介绍了新基建的范畴，使读者对新基建有一个直观的了解；其次介绍了 5G 和新基建的关系以及 5G 时代各个维度的网络空间问题；最后介绍了在国家、社会、企业以及个人层面下的网络空间安全需求。

第 4 章介绍了 5G 背景下大数据、云计算和物联网的安全问题与安全策略。5G 的发展催生各个行业呈现新形态，大数据、云计算和物联网等技术也在 5G 的发展下呈现新的态势，同时也带来更多新的安全风险。本章旨在让读者了解 5G 发展对互联网技术以及行业安全问题的影响，加深读者对 5G 网络空间安全的理解。

第 5 章介绍了基于 5G 的网络空间安全保障技术，包括电磁信息空间的安全保障，以及基于人脸识别、姿态监控和社交关系等各个维度下的安全保障。同时，为了加强读者对虚拟网络空间安全的认知，介绍了智能舆情预警和工业物联网下的黑客攻击以及病毒传播防控。

第 6 章以 5G + 车联网、5G + 智能电网和 5G + 智慧城市为例，介绍了 5G 应用于垂直行业时产生的具体安全问题，并针对性地提出了安全发展建议。

本书是面向行业用户、侧重专业领域的培训教材，也可作为 5G 与网络空间安全领域的科普型读物，供高等院校信息与通信系统、网络空间安全等专业的学生阅读，还可作为信息科学领域科研人员和工程技术人员的参考资料。通过本书的介绍，读者能够了解 5G 及其带来的信息安全风险，并认识到网络空间安全对实际生活的影响，进而培养对 5G 以及网络空间安全领域的兴趣，为进一步从事通信与网络空间安全相关研究工作打下基础。

本书的编者均为通信、信息安全行业的资深从业人员，来自通信技术企业、运营商、高等院校及国家级研究机构，对 5G 及网络空间安全行业的发展有着较为深入的了解与洞察。本书的第 1 章和第 2 章由刘红杰、洪卫军编写，第 3 章和第 4 章由刘银龙、刘海涛编写，第 5 章和第 6 章由耿立茹、李婷、梁杰编写。本书在编写过程中得到了众多专家的无私帮助和支持。本书初稿完成后，程新洲、王兰平等同志进行了认真的审阅校对，并提出了很多宝贵意见，对本书质量的提高有很大帮助。同时，本书在编写过程中参考了大量的文献资料，尤其是国内外著名通信及安全企业的技术手册，在此表示衷心的感谢。

　　5G 发展迅速，其带来的安全问题已成为当下安全领域的热门研究方向之一。由于编者能力有限，书中难免有不足与谬误之处，还请读者指正，我们将不胜感激。

编　者

目 录

第1章 / 什么是 5G

回顾移动通信的发展历程，每一代移动通信系统都可以通过标志性能力指标和核心关键技术来定义。其中，1G 采用频分多址（Frequency Division Multiple Access，FDMA），只能提供模拟语音业务；2G 主要采用时分多址（Time Division Multiple Access，TDMA），可提供数字语音和低速数据业务；3G 以码分多址（Code Division Multiple Access，CDMA）为技术特征，用户峰值速率达到 2Mbit/s 至数十 Mbit/s，可以支持多媒体数据业务；4G 以正交频分多址（Orthogonal Frequency Division Multiple Access，OFDMA）技术为核心，用户峰值速率可达 100Gbit/s ~ 1Gbit/s，能够支持各种移动宽带数据业务。

移动通信已经深刻地改变了人们的生活，但人们对更高性能移动通信的追求从未停止。为了应对未来爆炸性移动数据流量增长、海量的设备连接、不断涌现的各类新业务和应用场景，5G 应运而生。

5G 将渗透到未来社会的各个领域，以用户为中心构建全方位的信息生态系统。5G 将使信息突破时空限制，提供极佳的交互体验，为用户带来身临其境的信息盛宴。5G 将拉近万物的距离，通过无缝融合的方式，便捷地实现人与万物的智能互联。5G 将为用户提供光纤的接入速率，"零"时延的使用体验，千亿设备的连接能力，超高流量密度、超高连接密度和超高移动性等多场景的一致服务、业务及用户可感知的智能优化，同时将为网络带来超百倍的能效提升和超百倍的比特成本降低，最终实现"信息随心至，万物触手及"的总体愿景。

1.1 5G 的前世今生

用户通信需求的提升和通信技术的革新是移动通信系统演进的原动力。1980年至今,人类移动通信技术经历了从 1G 到 5G 的演进,如图 1 - 1 所示。通信技术的发展显著提升了人类社会的信息传递效率。本部分将回顾移动通信技术从1G 向 5G 演进的过程,主要介绍每一代移动通信技术的进步和不足。

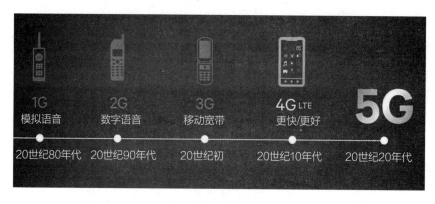

图 1 - 1 移动通信技术的演进

1. 1G

为了满足"动中通"的业务需求,1G(第一代移动通信技术)实现了"移动"能力与"通信"能力的结合,树立了移动通信系统从无到有的里程碑,并拉开了移动通信系统的演进序幕。1G 采用模拟调制和频分多址技术,主要为用户提供模拟语音通信业务。1978 年,美国贝尔实验室成功研制了全球第一套蜂窝移动通信系统,经过 5 年的不断完善,第一套移动通信系统在芝加哥正式投入商用,同年在全美推广。1G 在全美推广后,全球其他各国紧追其后,纷纷建立了本国的第一代移动通信系统。中国的第一代移动通信系统采用了英国的 TACS(Total Access Communications System)通信制式,并在 1987 年正式建成后投入商用。在调制方式上,1G 采用了模拟调制技术,这导致系统只支持传输语音信号而无法支持数字业务,直接限制了 1G 的大规模使用。此外,1G 移动通信系统还存在其他明显不足，如系统容量有限、传输稳定性差、终端笨重和保密性差（如串号、盗号等现象）。因此，中国的 1G 网络于 1999 年正式关闭，准备迎接 2G 数字通信时代的到来。1G 通信终端如图 1-2 所示。

2. 2G

2G（第二代移动通信技术）完成了从模拟体制向数字体制的全面过渡，是人类通信史上一次极大的飞跃。与 1G 所采用的模拟调制技术不同，2G 采用数字调制方式，即在信息传递过程中，原始信号被转化为"0"或"1"的二进制编码。数字调制方式的引入为 2G 通信的可靠性和安全性奠定了坚实的基础，系统容量较 1G 得到了大幅度的提升。1992 年，2G GSM

图 1-2 1G 通信终端（"大哥大"）

(Global System for Mobile Communications，全球移动通信系统) 通信网络最初在欧洲商用，世界上第一款支持 GSM 制式的手机也随之诞生，即诺基亚 7110 型号手机，如图 1-3 所示。然而，由于国际上 2G 移动通信标准不完全统一，因此用户只能在同一制式覆盖的范围内漫游（即无法实现全球漫游）。此外，2G 的通信系统因带宽有限，而无法提供如移动多媒体等高速率业务。如今，随着 3G、4G 通信网络的广泛应用，中国三大运营商在部分省份已陆续关闭 2G 业务。

图 1-3 诺基亚 7110 型号手机

3. 3G

3G（第三代移动通信技术）采用了高带宽和 CDMA 技术，具有速度快、稳定性好、安全性强且能耗低等优点。在日益丰富的业务需求驱动下，相比于 1G 和 2G，3G 的重要改变是通过 3G 智能手机将无线通信与互联网全面结合，从而构建了可以传输图像和音乐等媒体的全新通信系统。至此，高数据速率和大带宽支持成为移动通信系统演进的重要指标。随着智能手机的出现，人们需要更多、更快的数据流量。3G 虽开启了移动多媒体时代的大门，但仍然无法满足音视频等高数据量业务的快速传输需求。

4. 4G

4G（第四代移动通信技术）具有更高的传输速率以及稳定性，满足了人们随时随地接入高速互联网的需求，成为移动互联网的基础支撑。4G 将无线局域网（WLAN）与 3G 技术相结合，通过不断优化和技术创新，使得图片、视频和文件下载时的速度最高可达到几十 Mbit/s，为移动互联生活带来更佳的体验。4G LTE（长期演进技术）是 3G 的演进，该技术增强了 3G 的空中接入技术，采用正交频分复用（OFDM）和多输入多输出（Multiple Input Multiple Output，MIMO）技术提升了无线网络的传输能力。其中，OFDM 技术可以提高频谱利用效率，提升系统抗干扰能力以及抗衰落能力；MIMO 技术可以大大提高信道容量，有效提升信号传输的速率及稳定性。同时，4G LTE 采用了 eNodeB 构成的单层接入网结构，有利于减少接入时延，并压缩网络建设与运营的成本。总体来说，4G 满足了人们绝大部分的通信需求，优化了网络在信息化生活中的体验，极大地方便了人们的学习、生活及工作。然而，4G 在实现人与物、物与物之间的互联方面还存在明显不足，例如 4G 无法解决海量物联网设备同时接入等问题，这就催生了5G 的到来。

5. 5G

在 4G 获得巨大商业成功的同时，5G（第五代移动通信技术）逐渐渗透到了垂直行业，把传统的增强型移动宽带（Enhanced Mobile BroadBand，eMBB）场景延拓至大规模机器类通信（Massive Machine-type Communication，mMTC）场景和超可靠低时延通信（Ultra-reliable and Low-latency Communication，URLLC）场景。基于大规模多入多出（Massive MIMO）、毫米波（Millimeter Wave，mmWave）传输、多连接（Multiple Connectivity，MC）等技术，5G 实现了峰值速率、用户体验数据速率、频谱效率、移动性管理、时延、连接密度、网络能效、区域业务容量等性能的全方位提升。5G 的到来可改变信息交互的方式，而移动互联网和物联网的融合为 5G 提供了广阔的发展空间。

2G 到 5G 可提供业务的变化如图 1－4 所示。

图 1－4　2G 到 5G 可提供业务的变化

1.2　5G 有什么新特性

作为目前最先进的移动通信技术，5G 的 "新" 主要体现在新的应用场景以及新的技术上。本部分将介绍 5G 的应用场景、无线和网络技术，以及应用场景与无线和网络技术间的关系。

1.5G 新应用场景

5G 可应对多样化应用场景下差异化性能指标带来的挑战，不同应用场景面临的性能挑战有所不同，用户体验速率、流量密度、时延、能效和连接数都是不同场景的挑战性指标。从移动互联网和物联网主要应用场景、业务需求及挑战出发，可归纳出四个 5G 主要应用场景，即连续广域覆盖、热点高容量、低功耗大连接和超可靠低时延。其中，连续广域覆盖和热点高容量这两个应用场景主要满足各类用户现在及未来的移动互联网业务需求，它们也是传统的 4G 的主要应用场景。而低功耗大连接和高可靠低时延场景主要面向物联网业务，是 5G 新拓展的场景，重点解决传统移动通信无法很好支持物联网及垂直行业应用的问题。

（1）连续广域覆盖　连续广域覆盖是移动通信最基本的覆盖方式。它以保证用户的移动性和业务连续性为目标，为用户提供无缝的、高速的业务体验。该场景的主要挑战在于随时随地（包括小区边缘、高速移动等恶劣环境）为用户提供 100Mbit/s 以上的用户体验速率。

（2）热点高容量　热点高容量主要面向局部热点区域，为用户提供极高的数据传输速率，满足网络极高的流量密度需求。1Gbit/s 的用户体验速率、数十 Gbit/s 峰值速率和数十 Tbit/$(s \cdot km^2)$ 的流量密度需求是该场景面临的主要挑战。

（3）低功耗大连接　低功耗大连接主要面向智慧城市、环境监测、智能农业、森林防火等以传感和数据采集为目标的应用领域，具有小数据包、低功耗、海量连接等特点。这类场景的终端分布范围广、数量众多，不仅要求网络具备超千亿连接的支持能力、满足 100 万/km^2 连接密度指标要求，而且还要保证终端的超低功耗和超低成本。

（4）超可靠低时延　超可靠低时延主要面向车联网、工业控制等垂直行业的特殊应用需求，这类特殊应用对时延和可靠性具有极高的指标要求，需要为用户提供毫秒级的端到端时延和接近 100% 的业务可靠性保证。

5G 应用场景下的关键指标见表 1-1。

表 1-1　5G 应用场景的关键指标

应用场景	关键挑战
连续广域覆盖	100Mbit/s 用户体验速率
热点高容量	用户体验速率：1Gbit/s 峰值速率：数十 Gbit/s 流量密度：数十 Tbit/$(s \cdot km^2)$

（续）

应用场景	关键挑战
低功耗大连接	连接密度：100 万/km^2 超低功耗，超低成本
超可靠低时延	空口时延：1ms 端到端时延：毫秒级 可靠性：接近 100%

2.5G 新技术

5G 的技术创新主要来源于无线技术和网络技术两方面。在无线技术领域，大规模天线阵列、超密集组网、新型多址和全频谱接入等技术已成为业界关注的焦点。此外，基于滤波的正交频分复用（F-OFDM）、滤波器组多载波（FBMC）、全双工、灵活双工、终端直接（D2D）通信、多元低密度奇偶检验（Q-ary LDPC）码、网络编码、极化码等也被认为是 5G 重要的潜在无线关键技术。在网络技术领域，基于软件定义网络（Software Defined Network，SDN）和网络功能虚拟化（Network Function Virtualization，NFV）的新型网络架构已取得广泛共识。

（1）5G 无线新技术

1）大规模天线阵列在现有多天线基础上通过增加天线数，支持数十个独立的空间数据流同时传输，这将数倍提升多用户系统的频谱效率，对满足 5G 系统容量与速率需求起到重要的支撑作用。大规模天线阵列应用于 5G 需解决信道测量与反馈、参考信号设计、天线阵列设计、低成本实现等关键问题。

2）超密集组网通过增加基站部署密度，可实现频率复用效率的巨大提升，在局部热点区域实现百倍量级的容量提升。考虑到频率干扰、站址资源和部署成本，干扰管理与抑制、小区虚拟化技术、接入与回传联合设计等是超密集组网的重要研究方向。

3）新型多址技术通过发送信号在空/时/频/码域的叠加传输，来实现多种场景下系统频谱效率和接入能力的显著提升。此外，新型多址技术可实现免调度传输，以显著降低信令开销，缩短接入时延，节省终端功耗。目前，业界提出的技术方案主要包括基于多维调制和稀疏码扩频的稀疏码分多址（SCMA）技术、基于复数多元码及增强叠加编码的多用户共享接入（MUSA）技术、基于非正交特征图样的图样分割多址（PDMA）技术以及基于功率叠加的非正交多址（NOMA）技术。

4）全频谱接入通过有效利用各类移动通信频谱（包含高低频段、授权与非授权频谱、对称与非对称频谱、连续与非连续频谱等）资源，来提升数据传输速率和系统容量。6GHz 以下频段因其较好的信道传播特性而可作为 5G 的优选频段；6GHz~100GHz 高频段具有更加丰富的空闲频谱资源，可作为 5G 的辅助频段。信道测量与建模、低频和高频统一设计、高频接入回传一体化以及高频器件是全频谱接入技术面临的主要挑战。

（2）5G 网络新技术　未来的 5G 网络将是基于 SDN、NFV 和云计算技术的，更加灵活、智能、高效和开放的网络系统。5G 网络新架构包括接入云、控制云和转发云三个域，如图 1-5 所示。

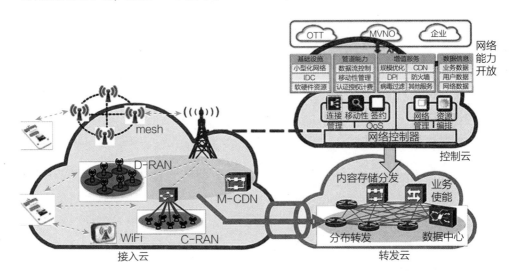

图 1-5　5G 网络新架构

接入云支持多种无线制式的接入，融合集中式和分布式两种无线接入网架构，适应各种类型的回传链路，实现更灵活的组网部署和更高效的无线资源管理。5G 的网络控制功能和数据转发功能解耦，形成集中统一的控制云和灵活高效的转发云。控制云实现局部和全局的会话控制、移动性管理和服务质量保证，并构建面向业务的网络能力开放接口，从而满足业务的差异化需求并提升业务的部署效率。转发云基于通用的硬件平台，在控制云高效的网络控制和资源调度下，实现海量业务数据流的高可靠、低时延、均负载的高效传输。

基于"三朵云"的新型 5G 网络架构是移动网络未来的发展方向，但实际网络发展在满足未来新业务和新场景需求的同时，也会充分考虑现有移动网络的演进途径。5G 网络架构的发展会存在局部变化到全网变革的中间阶段，通信技术与信息技术的融合会从核心网向无线接入网逐步延伸，最终形成网络架构的整体演变。

3.5G 新场景与新技术之间的关系

连续广域覆盖、热点高容量、低功耗大连接和超可靠低时延四个 5G 典型技术场景具有不同的挑战性指标需求，在考虑不同技术共存可能性的前提下，需要合理选择关键技术的组合来满足这些需求。

（1）连续广域覆盖场景　在连续广域覆盖场景，受限于站址和频谱资源，为了满足 100Mbit/s 用户体验速率需求，除了需要尽可能多的低频段资源外，还需要大幅提升系统频谱效率。大规模天线阵列是其中最主要的关键技术之一，新型多址技术可与大规模天线阵列相结合，进一步提升系统频谱效率和多用户接入能力。在网络架构方面，综合多种无线接入能力以及集中的网络资源协同与服务质量（QoS）控制技术，为用户提供稳定的体验速率保证。

（2）热点高容量场景　在热点高容量场景，极高的用户体验速率和极高的流量密度是该场景面临的主要挑战。超密集组网能够更有效地复用频率资源，极大提升单位面积内的频率复用效率；全频谱接入能够充分利用低频和高频的频率资源，实现更高的传输速率；大规模天线、新型多址等技术与前两种技术相结合，可实现频谱效率的进一步提升。

（3）低功耗大连接场景　在低功耗大连接场景，海量的设备连接、超低的终端功耗与成本是该场景面临的主要挑战。新型多址技术通过多用户信息的叠加传输可成倍提升系统的设备连接能力，还可通过免调度传输有效降低信令开销和终端功耗；F-OFDM 和 FBMC 等新型多载波技术在灵活使用碎片频谱、支持窄带和小数据包、降低功耗与成本方面具有显著优势。此外，D2D 通信可避免基站与终端间的长距离传输，可实现功耗的有效降低。

（4）超可靠低时延场景 在低时延超可靠场景，应尽可能降低空口传输时延、网络转发时延及重传概率，以满足极高的时延和可靠性要求。为此，需采用更短的帧结构和更优化的信令流程，引入支持免调度的新型多址和 D2D 通信等技术以减少信令交互和数据中转，并运用更先进的调制编码和重传机制以提升传输可靠性。此外，在网络架构方面，控制云通过优化数据传输路径，控制业务数据靠近转发云和接入云边缘，可有效缩短网络传输时延。

1.3 5G 能够做什么

随着 5G 融合应用的不断发展和演进，5G 应用重点行业和领域逐步聚焦，尤其是在智慧工厂、智慧矿山、智慧港口、智慧医疗、智慧电网五个领域，逐步获得业界认可，并初步形成了有望规模商用的应用场景。

1. 智慧工厂

5G 在智慧工厂中的应用探索成效已经初步显现。超高清视频监控、移动无人巡检等叠加赋能型应用，在现有工厂网络应用基础上，叠加 5G 网络应用，在非核心生产和管理业务方面有效补充、增强工厂管理能力。三一重工将 5G + 高清视频融入厂区的安防监控之中，实现采集监测视频/图像实时回传，结合统一监控平台，实现人员违规、厂区环境风险监控的实时分析和报警。5G + 机器视觉、增强现实/虚拟现实（AR/VR）辅助装配等业务融合型应用，通过部署 5G 移动边缘计算（Mobile Edge Computing，MEC）基础设施，将 5G 技术与 AI（人工智能）等新技术在边缘侧进行融合，解决原来 AI 技术受限于终端的处理能力及成本等问题，全面提升工业企业装备的智能化水平。5G + 工业控制等产业升级型应用，涉及工业核心生产环节，但由于受限 5G 技术对于实时性和可靠性等指标的满足程度及与工业体系融合深度，在工业设备广泛支持 5G 联网之前，难以形成规模。宁波爱柯迪股份有限公司在生产线上，研发集成了 5G 模组的制造执行系统（Manufacturing Execution System，MES）工业网关，比客户前置设备（Customer Premise Equipment，CPE，可将移动网络信号转换成 WiFi 信号）方式性能更优，与产线融合得更紧密，提升了整体的生产效率。随着 5G 技术及工业体系的不断升级，5G 工业终端将越来越多地应用于生产中。

2. 智慧矿山

传统井下网络重复投资，维护成本高。井下有六大作业系统，分别是采煤系统、掘进系统、通风系统、运输系统、排水系统、机电系统。普遍的情况是每套系统都有独立的光纤通信，造成重复投资。由于井下环境、粉尘和震动造成光衰严重，通信质量差，维护成本高，现有网络无法满足移动场景的需求。矿山最重要的作业面、综采面始终在不断掘进中，光纤有线的连接方式不能很好地适配。5G 替代光纤解决了井下最后 500m 连接的问题，合并了六大独立的作业系统，帮助矿山实现"井下一张网"，同时可以满足作业面、综采面等移动场景，并采用防爆处理，满足井下安全作业需求。5G 可以满足露天矿山对无人化的需求。露天矿山依托 5G 通信技术"低时延、高带宽"的优点，利用 5G + 北斗高精度定位、智能作业、双向自动驾驶运输、中央控制算法，实现矿山设备集群的远程遥控、智能自动化作业与协同作业，实现露天矿产区铲、装、运的全程无人操作。5G 智慧矿山应用如图 1-6 所示。

图 1-6　5G 智慧矿山应用

3. 智慧港口

一个典型的港口有六大业务场景，分别为船只进出港（货船将集装箱运至港口）、岸桥装卸货（完成集装箱装卸货并搬运至水平运输区）、水平运输（完成岸桥区到堆场区的搬运）、堆场管理优化（完成集装箱堆码）、集卡出入港（完成集装箱出入港运输）和陆港联运（港口与其他运输体系的联动）。船只进出港场景涉及近海通信、船货同步以及船只定位等；岸桥装卸货目前是有线光纤网络以及人工操作，通过5G可以实现对岸桥起吊装置的远程控制，这其中包含了起吊设备数据采集、高清视频回传、定位防碰撞、现场人员通信以及人工智能识别分析等的细分场景；水平运输场景涉及港区内车辆的自动驾驶调度、大视频回传、定位防碰撞等；堆场管理优化负责堆场区集装箱的无人堆码，需要对设备进行远程控制，同时也涉及人工智能视觉的应用以及高清大视频的传输；集卡出入港负责对集卡车辆的无人驾驶监控调度、定位防撞、视频传输等；陆港联运需要考虑待运集装箱数量，负责合理分配陆地运力，并引导陆地车辆前往集装箱所在位置进行货物装载。

5G智慧港口六大业务场景如图1-7所示。

①船只进出港　②岸桥装卸货　③水平运输　④堆场管理优化　⑤集卡出入港　⑥陆港联运

图1-7　5G智慧港口六大业务场景

5G网络的性能能够满足可编程逻辑控制器（PLC）控制信号的超低时延要求以及高清视频回传的带宽要求，通过用5G无线网络的远程控制替代传统有线控制，实现作业现场的无人化操作，提升操作灵活性和可靠性，大幅降低人工成本，改善工人的作业环境，显著提高港口作业效率。采用5G方案的岸桥区和堆场区，相比人工码头，目前单台设备可节省约 75% 的人力，同时生产效率整体提高约 50%。在水平运输区，5G + 多接入边缘计算的应用将使自动驾驶车辆的响应时间缩短至 50ms 以下，运输效率提升 30% 以上，且充分保障人车安全。厘米级的定位精度将推动船只进出港等场景的创新应用，也将极大提高港区各类场景的业务质量。

4. 智慧医疗

目前，5G 在智慧医疗服务、应急救护、公共卫生、健康养老等领域的应用还处于技术试验阶段。在智慧医疗服务领域，5G 赋能现有远程实时会诊、远程重症监护、移动医护等应用场景，极大提升现有医疗服务能力和管理效率；5G 技术与医疗服务创新融合能够催生出远程超声检查、远程手术等新型应用场景。在应急救护领域，5G 在急救人员、救护车、应急指挥中心、医院之间构建应急救援网络，将大量生命信息数据实时回传到后台指挥中心，帮助院内医生做出正确指导并提前制订抢救方案。在公共卫生领域，5G 结合物联网、人工智能等技术，支撑各地传染病数据的快速上报和智能监测，开展疾病危险因素监测和疫苗管理服务，实现食品安全、饮用水卫生安全、学校卫生服务等数据及时上报和实时处理。在健康养老领域，5G 结合便携式健康监测设备、智能养老监护设备、家庭服务机器人等产品，支撑慢性病管理、居家健康养老、个性化健康管理、在线健康咨询、生活照护等服务模式。

5G 远程医疗已在此次防治新冠肺炎的实践中充分证明了自身价值，基层医疗机构对其需求巨大。新冠肺炎疫情期间，5G 远程医疗打破时间、空间的限制，为疫情重灾区提供优质医疗资源，缓解当地诊疗压力，有力地支撑了我国疫情防控工作。我国优质医疗资源较为集中，基层医疗机构仍存在专业人员缺乏、检查设备不足等问题，基层医疗机构希望得到上级医疗机构的支持和指导，5G 远程医疗则架起了基层医疗机构和上级医疗机构间的桥梁。

5. 智慧电网

当前电力系统包括发电、输电、变电、配电、用电五大环节。对于发电、输电、变电这三大环节，5G 技术主要以移动巡检、视频监控、环境监测等新型业务方式增强电力系统管理能力。在配电环节，5G 技术将有效推动配电自动化、柔性化转型：一方面，通过提升配电设备数字化、网络化、智能化水平，实现配电网设备可管可控，并提升控制的精细化水平；另一方面，通过 5G 实现分布式能源泛在接入和智能化管理，保障配网稳定。在用电环节，5G 助力用电端向服务化、智能化方向发展，例如通过支持阶梯电价、实时电价等业务，实现精准预测用电需求，并提升供需协同能力。

目前，5G 技术在能源电力领域已开展广泛探索。以江苏省连云港市的徐圩新区增量配电网 5G 智慧电网项目为例，该项目利用 5G 网络切片和能力开放两大属性，实现配网差动保护、配电自动化三遥、配网电源管理系统、电网应急通信、智能化巡检等应用，同时为徐圩新区增量配电网规划了电力行业核心能力服务平台，实现对 SIM 卡、网络连接、终端和切片的管理，以及统计分析、系统管理、高级应用等关键能力，助力电网用户实时掌控通信网络质量，降低网络运营费用，提升企业竞争力，加快徐圩新区增量配电网信息化、智能化和自动化发展进程。配网差动保护的应用利用 5G 低时延及高精度网络授时特性，实现配电网故障的精确定位和隔离，并快速切换备用线路，停电时间由小时级缩短至秒级。配网自动化三遥基于 5G 网络切片及移动边缘计算等技术的发展和完善，为电网用户体验、业务高可靠的安全隔离提供服务能力，实现 5G 电力虚拟专网运营。

1.4 为什么说 5G 改变社会

自 20 世纪 80 年代以来，移动通信每 10 年出现一代革命性技术，推动着信息通信技术、产业和应用的革新，为全球经济社会发展注入源源不断的强劲动力。截至目前，移动通信技术已经历了 1G 至 4G 四个时代，正朝着 5G 阔步前行，由此引发的新一轮技术创新浪潮正在蓄积。抓住 5G 移动通信发展新机遇，加快培育新技术、新产业，驱动传统领域的数字化、网络化和智能化升级，成为拓展经济发展新空间、打造未来国际竞争新优势的关键之举和战略选择。

1.5G 技术开辟移动通信发展新时代

移动通信技术的代际跃迁使系统性能呈现指数级提升。从 1G 到 2G，移动通信技术完成了从模拟到数字的转变，在语音业务基础上，扩展支持低速数据业务。从 2G 到 3G，数据传输能力得到显著提升，峰值速率可达 2Mbit/s 至数十 Mbit/s，支持视频电话等移动多媒体业务。4G 的传输能力比 3G 又提升了一个数量级，峰值速率可达 100Mbit/s～1Gbit/s。相对于 4G 技术，5G 以一种全新的网络架构，提供峰值 10Gbit/s 以上的带宽、毫秒级时延和超高密度连接，实现网络性能新的跃升，开启万物互联，带来无限遐想的新时代。

5G 技术提供了前所未有的用户体验和物 – 物连接能力。面向现在及未来移动数据流量的爆炸式增长、物联网设备的海量连接，以及垂直行业应用的广泛需求，5G 技术在提升峰值速率、增强移动性、缩短时延和提高频谱效率等传统指标的基础上，新增加用户体验速率、连接密度、流量密度和能效四个关键能力指标。具体来看，5G 用户体验速率可达 100Mbit/s～1Gbit/s，支持移动虚拟现实等极致业务体验；连接密度可达 100 万/km^2，有效支持海量的物联网设备接入；流量密度可达 10Mbit/(s·m^2)，支持未来千倍以上移动业务流量增长；传输时延可达毫秒量级，满足车联网和工业控制的严苛要求。

2.5G 网络构筑万物互联的基础设施

5G 网络引入 IT 技术实现网络功能的灵活高效和智能配置。通过采用 NFV 和 SDN 技术，进行网元功能分解、抽象和重构，5G 网络将形成由接入平面、控制平面和转发平面构成的 IT 化新型扁平平台。5G 网络平台可针对虚拟运营商、业务、用户甚至某一种业务数据流的特定需求配置网络资源和功能，定制剪裁和编排管理相应的网络功能组件，形成各类"网络切片"，满足包括物联网在内的各种业务应用对 5G 网络的连接需求。集中化的控制平面能够从全局视角出发，通过对地理位置、用户偏好、终端状态和网络上下文等信息的实时感知、分析和决策，实现数据驱动的智能化网络功能、资源分配和运营管理。

5G 网络的开放性使其成为普适性的网络基础设施。5G 网络将使用服务器、存储设备和交换机等通用性硬件，取代传统网络中专用的网元设备，由软件实现网元设备功能，同时通过灵活的网络切片技术，实现多个行业和差异业务共享网络能力，进一步提升网元设备利用效率和集约运营程度。提供应用程序编程接口（API），对第三方开放基础网络能力，根据第三方的业务需求，实现按需定制和交互，尤其是引入移动边缘计算，通过与内容提供商和应用开发商的深度合作，在靠近移动用户侧就近提供内容分发服务，使应用、服务和内容部署在高度分布的环境中，更好地支持低时延和高带宽的业务需求。

3.5G 应用加速经济社会数字化转型

数字化转型成为主要经济体的共同战略选择。当前，信息通信技术向各行各业融合渗透，经济社会各领域向数字化转型升级的趋势越发明显。数字化的知识和信息已成为关键生产要素，现代信息网络已成为与能源网、公路网、铁路网相并列的、不可或缺的关键基础设施，信息通信技术的有效使用已成为效率提升和经济结构优化的重要推动力，正在加速经济发展、提高现有产业劳动生产率、培育新市场和产业新增长点、实现包容性增长和可持续增长中发挥着关键作用。依托新一代信息通信技术加快数字化转型，成为主要经济体提振实体经济、加快经济复苏的共同战略选择。

5G 是数字化战略的先导领域。全球各国的数字经济战略均将 5G 作为优先发展的领域，力图超前研发和部署 5G 网络，普及 5G 应用，加快数字化转型的步伐。欧盟于 2016 年 7 月发布《欧盟 5G 宣言——促进欧洲及时部署第五代移动通信网络》，将发展 5G 作为构建"单一数字市场"的关键举措，旨在使欧洲在 5G 网络的商用部署方面领先全球。英国于 2017 年 3 月发布《下一代移动技术：英国 5G 战略》，从应用示范、监管转型、频谱规划、技术标准和安全等七大关键发展主题明确了 5G 发展举措，旨在尽早利用 5G 技术的潜在优势，塑造服务大众的世界领先数字经济。

5G 是经济社会数字化转型的关键使能器。未来，5G 与云计算、大数据、人工智能、虚拟现实/增强现实等技术的深度融合，将连接人和万物，成为各行各业数字化转型的关键基础设施。一方面，5G 可为用户提供超高清视频、下一代社交网络、浸入式游戏等更加身临其境的业务体验，促进人类交互方式再次升级。另一方面，5G 可支持海量的机器通信，以智慧城市、智能家居等为代表的典型应用场景与移动通信深度融合，预期千亿量级的设备将接入 5G 网络。更重要的是，5G 还将以其超高可靠性、超低时延的卓越性能，引爆如车联网、移动医疗、工业互联网等垂直行业应用。总体上看，5G 的广泛应用将为大众创业、万众创新提供坚实支撑，助推制造强国、网络强国建设，使新一代移动通信技术成为引领国家数字化转型的通用技术。

1.5　5G 之后是什么

参考前五代移动通信技术的演进过程，我们不妨畅想一下面向未来的 6G（第六代移动通信技术）。众所周知，移动通信技术经历了从 1G 到 5G 的更迭，逐渐满足了人类在地面活动时的基本通信需求。然而，目前全球范围内移动通信覆盖的陆地范围大约仅为 30%，无法覆盖诸如沙漠、戈壁、海洋、偏远山区和两极等区域。随着人类活动范围的扩大，我们还需解决无移动通信网络覆盖区域的通信问题。上述偏远地区通常人烟稀少、环境条件恶劣，架设传统移动通信网络会消耗巨大的建设及维护成本。随着微小卫星的制造及发射技术的成熟，6G 的重要发展方向之一就是通过大规模微小卫星星座实现全球网络无缝覆盖。

目前，国内外产业已经开始积极布局，美国 SpaceX 公司正在积极储备太空能力，欧洲也在积极开展 OneWeb 等项目，希望通过打造规模巨大、覆盖全球的低轨卫星互联网，抢占卫星网络的运营先机。2020 年 11 月 6 日，由电子科技大学、国星宇航等联合研制的全球首颗 6G 试验卫星，在太原卫星发射中心搭载"长征六号"运载火箭升入太空，进入预定轨道，这标志着我国已经向 6G 通信技术的大门迈进了一只脚。

此次发射的 6G 卫星搭载太赫兹（THz）通信技术模块，将开展全球首次太赫兹通信技术在空间应用场景下的技术验证。太赫兹通信技术目前被认为是 6G 潜在的关键技术之一，该技术可以用于远距离卫星之间的通信，实现卫星互联和星间组网，是构建天基网络极其重要的一环。太赫兹的频率在 0.1 ~ 10THz 之间，具有极其丰富的频谱资源，而且超高频率可使传输速率达到100Gbit/s～1Tbit/s。利用太赫兹通信技术，用户能够实现空中机载平台与地面设备或主控台间的连接，可以实现空间与地面的组网，以解决全球覆盖和用户高速移动问题，利用较低的成本实现更为广泛的覆盖。

随着通用人工智能和大数据技术的成熟，人工智能与移动通信网络的深度融合成为6G的另一重要发展方向。未来6G网络的作用之一就是基于无处不在的大数据，将人工智能的能力赋予各个领域的应用，创造一个"智能泛在"的世界。根据中国工程院院士张平的观点：为了满足人类更深层次的智能通信需求，6G将实现从真实世界到虚拟世界的延拓，需要解决"人－机－物－灵"间的互联问题。届时，不仅机器之间可以开展智能协同工作，体域网（BAN）设备之间可以进行智能监测和协作，人与虚拟助理之间可以进行深度思想交互，而且人与人之间也可以进行智力交换，全面提升人类学习的技能与效率。

第 2 章 / **5G 网络的核心技术**

随着智能设备的日益普及，4G 网络发展迅速，出现了一系列新的面向用户的移动多媒体应用，如移动视频会议、流视频、电子医疗保健和在线游戏等。这些新应用不仅可以满足用户的需求，而且为无线运营商开辟了业务前景。与之相比，5G 网络无线通信的愿景是提供极高的数据速率（通常为 Gbit/s 级）、极低的传输延迟、更大的基站容量和更高的服务质量。5G 网络的系统容量将会达到 4G 网络的 1000 倍，频谱效率、能效和数据速率将达到其 10 倍。

2.1 5G 关键技术概述

1. 5G 的三大应用场景

5G 的典型技术是大规模天线阵列、超密集组网、新型多址和全频谱接入等，如图 2 - 1 所示。除了技术革命之外，5G 也将带来无线通信方式的革命。从 1G 到 4G，蜂窝移动通信系统旨在满足人的需求，这对于以人为中心的通信系统至关重要。然而，在 5G 中进行的集中式通信意味着将认真考虑终端直接（D2D）通信或者机器到机器（M2M）的通信。根据国际电信联盟

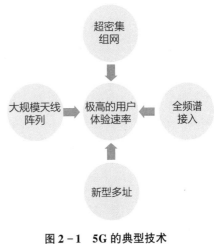

图 2 - 1　5G 的典型技术

（ITU）的定义，5G 主要有增强型移动宽带（eMBB）、大规模机器类通信（mMTC）和超可靠低时延通信（URLLC）三大应用场景，如图 2－2 所示。

图 2－2　5G 应用场景

5G 网络旨在突出并解决三大问题：以用户为中心，通过设备连接，提供不间断的通信服务和顺畅的用户体验；以服务提供商为中心，通过连接的智能交通系统、路边服务单元和传感器等，提供对关键任务的监视或者跟踪服务；以网络运营商为中心，提供节能、可扩展、低成本、统一监控、可编程且安全的通信基础架构。

2.5G 与 4G 的关键能力的对比

5G 与 4G 的关键能力的对比主要体现在峰值速率、用户体验速率、流量密度、频谱效率、网络能量效率、移动性、连接密度和时延等方面，如图 2－3 所示。

5G 关键能力具体为：

1）实际网络中的数据速率为 1～10 Gbit/s。5G 网络的数据速率可达到传统 LTE 网络的理论峰值数据速率（150 Mbit/s）的 10 倍。

2）低于 1 ms 的时延。为用户提供毫秒级的端到端时延，约是 4G 时延的 1/10。

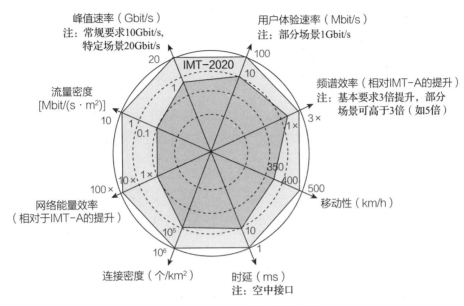

图 2-3　5G 与 4G 关键能力对比

3）单位区域中的高带宽。在特定区域中使大量连接的设备有更高的带宽和更长的持续时间。

4）大量连接的设备。为了实现物联网的愿景，5G 网络需要提供与数千个设备的连接。

5）网络感知的 99.999% 可用性，5G 网络始终可用。

6）"随时随地"连接的覆盖率几乎达到 100%。无论用户身在何处，5G 无线网络应该确保完全覆盖。

3.5G 采用的关键技术

5G 主要应用场景主要有连续广域覆盖、热点高容量、低功耗大连接和超可靠低时延四大主要技术场景，如图 2-4 所示。

5G 网络的革命性需要新架构、新方法和新技术的支撑，例如高效的异构框架、基于云的通信（SDN 和 NFV）、自干扰消除（SIC）、多无线接入技术（RAT）架构，以及用于通信和数据传输的安全性隐私协议等。更重要的是，5G 网络不仅是 4G 网络的增强，而且包含了每个通信层的系统架构可视化、概念化和重新设计。因此，5G 采用的关键技术如图 2-5 所示。

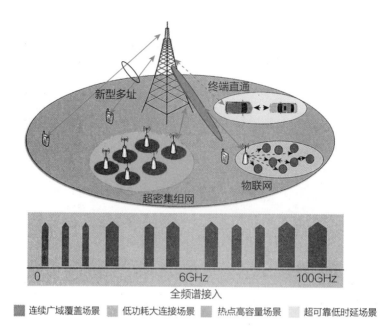

图 2-4　5G 主要应用场景

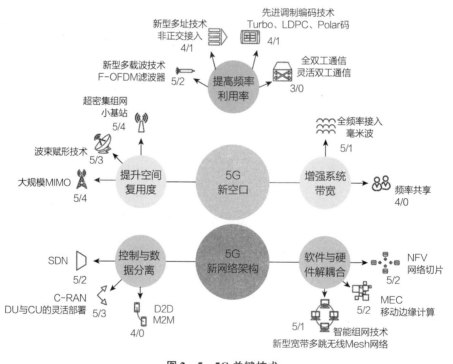

图 2-5　5G 关键技术

注：图中的数字表示重要性/成熟度。

5G 新空口技术主要是从提升空间复用度、提高频谱利用率、增加系统带宽三个维度展开的。提高空间复用度是基础，也是目前发展路径较为明晰的技术指标。大规模 MIMO 技术、波束赋性技术、超密集组网技术是空口侧的基础和核心技术。5G 新网络架构技术集中在控制与数据分离技术、软件与硬件解耦合技术。其中，SND、NFV、MEC 技术是网络传输侧的基础和核心技术。具体为：

1）大规模 MIMO 技术。基站使用几十甚至上百根天线，具有波束窄、指向性好、增益高、抗干扰等特点，能够大幅度提高频谱效率。

2）波束赋形技术。波束赋形是一种基于天线阵列的信号预处理技术，通过调整天线阵列中每个阵元的加权系数来产生具有指向性的波束，从而能够获得明显的阵列增益。波束赋形和大规模 MIMO 二者相辅相成，缺一不可。大规模 MIMO 负责在发送端和接收端将越来越多的天线聚合起来，波束赋形负责将每个信号引导到终端接收器的最佳路径上，以提高信号强度、避免信号干扰，从而改善通信质量。

3）超密集组网技术。超密集组网技术是以宏基站为"面"，在其覆盖范围内，在室内外热点区域，密集部署低功率的小基站，将这些小基站作为一个个"节点"，打破传统的扁平、单层宏网络覆盖模式，形成"宏—微"密集立体化组网方案，以消除信号盲点，改善网络覆盖环境。使用超密集组网技术，可获得更高的频率复用效率，在局部热点区域还可实现百倍量级的系统容量提升。该技术能被广泛应用在办公室、住宅区、街区、学校、大型集会现场、体育场、地铁站等场景中。

4）新型多载波技术。滤波器组正交频分复用，支持灵活的参数配置，根据需要配置不同的载波间隔，适应不同传输场景。主要的新型多载波技术有：滤波器组多载波、通用滤波多载波、广义频分复用等。

5）新型多址技术。新型多址技术主要有 NOMA、MUSA、PDMA、SCMA 等非正交多址技术，可以进一步提升系统容量，支持上行非调度传输，减少空口时延，适应低时延要求。

6）先进调制编码技术。Turbo、LDPC、Polar 码等技术的纠错性能很高。

7）全双工通信。该技术是一项通过多重消除干扰实现信息同时同频双向传输的物理层技术，有望成倍提升无线网络容量。

8）全频率接入。当前利用低频（6GHz 以下）频谱资源的技术手段已无法满足 5G 业务需求，全频率接入技术既可以利用 6GHz 以下的低频段也可以利用 6GHz 以上的高频段。全频率接入采用的是高频与低频共存的相关技术，充分结合低频与高频各自的优点，以实现覆盖面无缝隙、热点速率高且容量大的目的。

9）频率共享技术。频率共享是指允许 4G LTE 和 5G NR 共享相同的频率，并将时频资源动态分配给 4G 和 5G 用户，从而提高频率资源利用率，降低 5G 网络投资成本等。频率共享可以通过静态和动态两种方式实现。静态频率共享是指在同一频段内为不同制式的技术（比如 4G 和 5G）分别提供专用的载波。这种方式"简单透明"，但频谱利用率较低。动态频率共享是指在同一频段内为不同制式的技术动态、灵活地分配频率资源。这种方式可提升频谱效率，而且利于 4G 和 5G 之间平滑演进。

10）C-RAN 技术。C-RAN（Centralized RAN，集中化无线接入网）是基于集中化处理、协作无线电、实时云计算的绿色无线接入网架构，其基本思想是通过充分利用低成本高速光传输，直接在远端天线与集中化的中心节点间传递无线信号，以构建覆盖上百个基站的服务区域，甚至上百平方千米的无线接入系统。C-RAN 架构适用于协同技术，能够减少干扰，降低功率，提升频谱效率。实现动态智能化组网，有利于降低成本，便于维护和减少运营支出。

11）SDN 技术。SDN 技术是一种网络管理方法，它支持动态可编程的网络配置，提高了网络性能和管理效率，使网络服务能够像云计算一样提供灵活的定制能力。SDN 将网络设备的转发面与控制面解耦合，通过控制器负责网络设备的管理、网络业务的编排和业务流量的调度，具有成本低、集中管理、调度灵活等优点。

12）NFV 技术。NFV 将许多类型的网络设备（如服务器、交换机等）构建为一个数据中心网络，通过借用 IT 的虚拟化技术虚拟化形成 VM（Virtual Machine，虚拟机），然后将传统的通信业务部署到 VM 上，这是网络切片技术的核心。

13）移动边缘计算。移动边缘计算是在网络边缘、靠近用户的位置，提供计算和数据处理能力，以提升网络数据处理效率，满足垂直行业对网络低时延、大流量以及高安全等方面的需求。

14）D2D（Device to Device，终端直通）技术。D2D 技术借助 WiFi、蓝牙、LTE/5G - D2D 技术实现终端设备之间的直接通信。在现有的通信系统中，设备之间的通信都是由无线通信运营商的基站进行控制的，无法直接进行语音或数据通信。在未来 5G 系统中，用户处在由 D2D 通信用户组成的分布式网络，每个用户节点都能发送和接收信号，并具有自动路由（转发消息）的功能。网络的参与者共享它们所拥有的一部分资源，包括信息处理、存储和网络连接能力等。这些共享资源能向网络提供服务和资源，并能被其他用户直接访问而不需要经过中间实体。D2D 技术可以大幅度提升频谱利用率，并改善用户体验。

15）智能组网技术。当终端间距离较远，无法通过 D2D 直通时，可以利用终端间智能组网技术（如新型宽带多跳无线 Mesh 网络），实现多个终端之间的宽带通信，从而可以拓展通信范围。

此外，第三代移动通信伙伴计划（3GPP）标准在接入网和核心网之间明确定义了接口，接入网和核心网功能不同，边界清晰，业界专家认为，即使 5G 核心网的部分功能部署在网络边缘上，其功能上的界限依然是很明确的。同时，还可以通过在核心网（包括边缘计算）与接入网之间部署安全网关等来增强安全性。因此，运营商可选取多元化的供应商提供接入网和核心网产品，提高网络韧性。

2.2　5G 网络架构

低延迟、高速数据传输和无处不在的连接性是 5G 网络的显著特征，用来为广泛的应用程序和场景提供网络服务。

面向个人领域，5G 网络能够支持多样的设备通信，在满足 QoS 要求的同时，还可以兼顾数据要求。另外，C – RAN 体系结构使得用户可能只需要低成本的数据链路层服务，如用于电视机的机顶盒和用于访问互联网的住宅网关，其他所有高层的应用程序会迁移到云中进行通用访问和外包计算服务。在面向智慧场景的领域，每个数字和电子服务或设备，如温度维护设备、警告警报设备、液晶显示屏、打印机、空调、锻炼设备和门锁等，都将在 5G 网络的加持下以相互协作的方式连接来增强用户体验。

面向资源调配领域，5G 网络允许快速频繁地进行统计数据的观察和分析以及从远程传感器获取数据，并相应地调整资源分布。例如，智能电网可以集中分配分散的能源，而且更好地分析能源消耗，使得调度效率和经济效益大幅度提高。

面向自动化领域，5G 网络的低延迟推动自动驾驶汽车的出现。基于 5G，汽车不但可以彼此实时通信，还与道路、家庭和办公室中的其他设备通信，互联的自动化环境将与其他信息系统安全有效集成。

面向医疗保健领域，可靠、安全且快速的 5G 网络可以提升医疗服务水平。例如，数据从患者身体快速传输到云端或者医疗数据中心，这可以为相关紧急医疗提供及时的诊断预测服务，诊断预测信息也可以反馈至患者。

面向物流和跟踪领域，5G 网络使用基于位置的信息系统协助库存或包裹的跟踪。目前，最流行的方式是嵌入射频识别（RFID）标签并提供持续的连接，这与地理位置无关。

面向工业用途领域，5G 网络的零延迟特性将帮助机器人、传感器、无人机、移动设备、用户和数据收集设备获得实时数据。这将有助于快速管理和操作，同时节省能源。

5G 网络整体延续 4G 特点，包括接入网、核心网和上层应用，其网络架构如图 2 – 6 所示。为满足移动互联和移动物联的多样化业务需求，5G 网络在核心网和接入网上均采用了新的关键技术，实现了技术创新和网络变革。

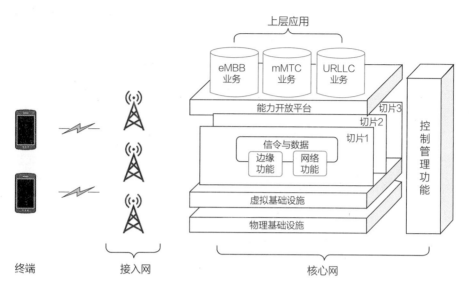

图 2-6　5G 网络架构

2.3　软件定义网络

　　互联网可以创建一个数字社会，在互联网中几乎所有事物都可以连接并且可以从任何地方访问。但是，尽管传统的 IP 网络已被广泛采用，但其非常复杂且难以管理：既难以根据预定义的策略配置网络，又难以重新配置以响应故障、负载和更改。路由器和交换机内部运行的分布式控制和传输网络协议是使信息以数字包的形式传播到世界各地的关键技术。

　　为了表达所需的高级网络策略，网络运营商需要使用低级且通常是特定于供应商的命令分别配置每个单独的网络设备。除了配置复杂外，网络环境还必须承受故障和负载的动态变化，当前 IP 网络中几乎不存在自动重新配置和响应机制，因此在这种动态环境中执行所需的策略非常具有挑战性。更复杂的是，当前的 IP 网络也被垂直整合。控制平面（决定如何处理网络流量）和数据平面（根据控制平面的决策转发流量）被捆绑在网络设备内部，从而降低了灵活性并阻碍了网络基础架构的创新和发展。从 IPv4 到 IPv6 的过渡现在很大程度上仍未完成，这也在一定程度上见证了这一挑战的困难性，有人认为 IPv6 相对于 IPv4 只是协议更新而已，然而由于当前 IP 网络的惯性，完整地设计、评估和部署一个新的路由协议可能需要 5 ~ 10 年的时间。改变互联网体系结构的干净方法（例如替换 IP）则被认为是一项艰巨的任务，甚至被认为是并不可行的。

1. 软件定义网络的定义

软件定义网络（Software Defined Network，SDN）是一种新兴的网络范式，它有望改变当前网络基础架构的局限性，将网络的控制逻辑与底层路由器和交换机分离，促进网络控制的集中化并引入网络编程能力。首先，它通过将网络的控制逻辑（控制平面）与底层路由器和转发流量的交换机（数据平面）分开，打破了垂直集成。其次，随着控制平面和数据平面的分离，网络交换机成为简单的转发设备，并且控制逻辑在集中的逻辑控制器（或网络操作系统）中实现，简化了策略实施以及推动了网络（重新）配置和演进。需要强调的是，逻辑上集中的程序模型并不假定物理上集中的系统。

SDN 的网络设计诉诸物理上分散的控制平面，可以通过交换机和 SDN 控制器之间定义良好的应用程序接口（API）来实现控制平面和数据平面的分离。控制器通过这个定义良好的 API 对数据平面元素中的状态进行直接控制。此类 API 最著名的是 OpenFlow。OpenFlow 交换机具有一个或多个数据包处理规则表（流表）。每个规则都匹配流量的一个子集，并对流量执行某些操作（删除、转发、修改等）。根据控制器应用程序安装的规则，由控制器指示的 OpenFlow 交换机可以像路由器、交换机、防火墙一样发挥其他作用（例如负载平衡）。

SDN 原则的一个重要结果是，网络策略的定义在实现硬件数据交换和流量转发之间引入关注点分离概念，这是实现所需灵活性的关键：通过将网络控制问题分解为易处理的部分，SDN 使创建和引入网络中的新抽象变得更加容易，从而简化了网络管理并促进了网络的发展和创新。

最初定义的 SDN 是指一种网络体系结构，其中数据平面中的转发状态由与数据平面分离的远程的控制平面来管理。现在在很多情况下 SDN 是指涉及软件的任何内容。在本书中，我们将 SDN 定义为如下的网络体系结构：

1）控制平面和数据平面分离。控制功能已从网络设备中删除，这些设备成为简单的（数据包）转发元素。

2）转发决策是基于流的，而不是基于目的地的。流由充当匹配（过滤器）标准的一组数据包字段值和一组动作（指令）来广泛定义。在 SDN 上下文中，流是源和目标之间的一系列数据包，且流的所有分组在转发设备处接收相同的服务策略。

3）控制逻辑移至外部实体，即所谓的 SDN 控制器或网络操作系统（NOS）。网络操作系统是一个运行在商品服务器技术上的软件平台，它基于逻辑集中的抽象网络视图提供必要的资源，以促进对转发设备进行编程，因此，其类似于传统的操作系统。

4）在与底层数据平面设备交互的网络操作系统上运行的软件应用程序，可以对网络进行编程。这是 SDN 的基本特征，被认为是其主要价值主张。首先，与低级设备特定的配置相比，通过高级语言和软件组件修改网络策略更简单，也更不容易出错。其次，控制程序可以自动响应网络状态的变化，从而保持高级策略的完整性。最后，将控制逻辑集中在具有网络状态全局知识的控制器中，可以简化复杂的网络功能、服务和应用程序的开发。

通过转发、分发和规范三个基本抽象概念定义 SDN。

理想情况下，转发应允许网络应用程序（控制程序）所需的任何转发行为，同时隐藏底层硬件的详细信息。OpenFlow 是这种抽象的一种实现，可以被看作操作系统中的"设备驱动程序"。

分发应该使 SDN 应用程序免受分布式状态变化的影响，从而使分布式控制问题成为逻辑上集中的问题。它的实现需要一个公共分布层，该分布层位于 NOS 中，并具有两个基本功能：首先，该分布层负责在转发设备上安装控制命令；其次，该分布层收集有关转发层（网络设备和连接）的状态信息，为网络应用程序提供全局网络视图。

规范应允许网络应用程序表达所需的网络行为，而无须负责实现该行为本身。这可以通过虚拟化解决方案以及网络编程语言来实现。这些方法将应用程序基于网络的简化抽象模型所表达的抽象配置，映射为 SDN 控制器中公开的全局网络视图的物理配置。

2. 网络功能虚拟化

网络功能虚拟化（Network Functions Virtualization，NFV）是业界一项新技术。它的产生是由于网络运营商目前部署的专有和专用硬件的数量不断增长，而且成本很高。

如果要增加新的网络服务，通常需要安装新的专用硬件。这意味着需要有新的物理安装空间，不仅会增加硬件采购、安装、运营及动力能源等成本，还会增加集成和操作管理这些硬件的成本，从而增加网络运营商开发新网络服务的难度和降低开发新网络服务的利润。

NFV 的目标是改变网络运营商和网络提供商设计、管理和部署其网络基础架构的方式。通过在标准通用计算机（服务器、存储设备等）中整合不同的虚拟网络功能（VNF）类型来实现此改变，这些标准通用计算机可以位于数据中心、网络节点中，并靠近最终用户。

值得强调的是，将网络功能与专用硬件解耦的一般概念不一定要求资源虚拟化。这意味着电信服务提供商（TSP）仍可以购买或开发软件（网络功能）并在物理计算机上运行它们。区别在于这些软件（网络功能）必须能够在商品服务器上运行。但是，在虚拟化资源上运行这些软件（网络功能）所获得的收益（例如灵活性、动态资源扩展、能源效率）是 NFV 的强项。

5G 中 NFV 可以从以下几个方面来实现。

NFV 即服务：基于类似于云计算服务模型的模型，TSP 可以将 NFV 基础架构、平台甚至单个 VNF 实例作为服务来提供。

移动核心网络和 IP 多媒体系统（IMS）的虚拟化：移动网络和 IP 多媒体系统中配备了各种各样的专有硬件设备，通过引入 NFV（特别是针对即将到来的5G），来降低成本和复杂性。

移动基站的虚拟化：移动运营商可以应用 NFV 来降低成本，不断开发并向其客户提供更好的服务。

家庭环境的虚拟化：可以通过引入 NFV 来避免在家庭环境中安装新设备，从而减少维护并改善服务质量。

内容交付网络的虚拟化：内容交付网络（CDN）使用缓存节点虽然能够提高多媒体服务的质量，但是具有许多缺点（例如，浪费专用资源），NFV 可以弥补这些缺点。

固定访问网络功能的虚拟化：虚拟化支持访问网络设备中的多个租用，从而可以为一个虚拟访问节点的专用分区分配一个以上的组织实体，或对虚拟访问节点进行直接控制。

部署和重新分配 VNF，以共享基础结构的不同物理和虚拟资源，从而保证可伸缩性和性能要求。这使 TSP 可以快速部署新的弹性服务。通常，NFV 的体系结构中包含三个主要组件：服务、网络功能虚拟化基础设施（NFVI）解决方案、NFV 管理与编排（NFV－MANO）。这些组件的描述如下：

（1）服务 服务是一组 VNF，可以在一个或多个虚拟机中实现。在某些情况下，VNF 可以在操作系统中安装的虚拟机上运行，也可以直接在硬件上运行；它们由本机的虚拟机管理程序或虚拟机监视器管理。VNF 通常由元素管理系统（EMS）进行管理，EMS 负责其创建、配置、监视以及保障其性能和安全。EMS 提供了 TSP 环境中运营支持系统（OSS）所需的基本信息。OSS 是通用管理系统，它与业务支持系统（BSS）一起，帮助提供商部署和管理多种端到端电信服务（例如订购、计费、续订、问题排查等）。NFV 的规范着重于与现有 OSS/BSS 解决方案的集成。

（2）NFVI NFVI 涵盖了构成 NFV 环境的所有硬件和软件资源，包括两个地理位置之间（例如，数据中心与公共/私有/混合云之间）的网络连接。物理资源（硬件资源和软件资源）通常包括计算、存储和网络硬件；网络硬件通过位于硬件上方的虚拟化层为 VNF 提供处理、存储和连接，并抽象化物理资源（在逻辑上分区并分配给 VNF）。NFV 的部署没有具体的解决方案。NFV 架构可以利用现有的虚拟化层，如：利用虚拟机管理程序来提取硬件资源并将其分配给 VNF；当没有虚拟机管理程序时，虚拟化层通常是通过在非虚拟服务器之上添加软件的操作系统或通过将 VNF 实现为应用程序来实现的。

（3）NFV-MANO NFV-MANO 由以下各项组成：协调器、VNF 管理器和虚拟化基础结构管理器。它提供了应用于 VNF 的管理任务所需的功能，例如供应和配置。NFV-MANO 包括支持基础架构虚拟化的物理或虚拟资源的编排和生命周期管理，还包括用于存储信息和数据模型的数据库，这些信息和数据模型定义了功能、服务和资源的部署以及生命周期属性。

NFV-MANO 专注于 NFV 框架中必需的所有特定于虚拟化的管理任务。NFV框架还定义了可用于 NFV-MANO 的不同组件之间通信的接口，以及与传统网络管理系统（即 OSS 和 BSS）的协同接口，以允许 VNF 在旧设备上同时运行 VNF 功能和网络管理功能。总之，如果部署了防火墙和深度包检测（DPI），则 NFV-MANO 将负责说明这些 VNF 在物理网络上的位置。反过来，这些 VNF 由 EMS 和 NFV-MANO 统一控制。此外，虚拟化层还向 VNF 公开了所选 NFVI 位置的物理资源。

2.4　网络切片

网络切片（Network Slicing）是 5G 的关键技术之一，是一种按需组网的方式。它可以使运营商在统一的基础设施上分离出多个虚拟的端到端网络，每个网络切片从无线接入网的承载网再到核心网上进行逻辑隔离，以适配各种各样类型的应用。同时，网络切片之间的隔离可以使它们免受其他网络切片的负面影响。同时，网络切片之间的隔离可以使它们免受其他网络切片的负面影响。在未来的网络中，将出现容量、带宽、延迟、可靠性等需求互不相同的丰富的应用场景。在 5G 中，一个网络很难满足上述所有需求；即便存在能够满足上述所有需求的网络，其建设成本也是运营商难以接受的。5G 网络切片（见图 2 - 7）可以解决这个问题。

5G 通过虚拟化技术在统一的物理基础设施上构建不同的逻辑网络。逻辑网络是包含多个网络功能、网络拓扑和通信链路等的网络切片，并且这些切片在逻辑上彼此独立，一个切片实例如图 2 - 8 所示。

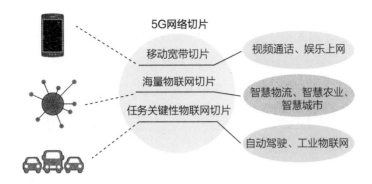

图 2 - 7　5G 网络切片

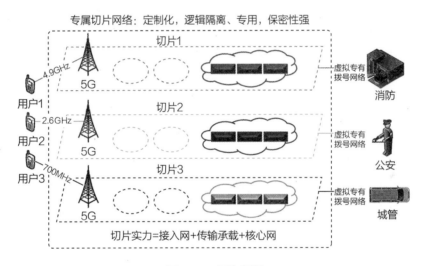

图 2 - 8　切片实例

5G 网络切片既包含对 CN（Core Network，核心网）进行切片，也包含对 RAN（Radio Access Network，无线接入网）进行切片。在 RAN 切片解决方案中，切片在无线平台上运行，该平台包含无线电硬件和基带资源池。RAN 切片允许运营商构建具有与专用独立网络相似质量的逻辑网络，可以通过使用共享资源（例如频谱、站点、传输）来实现。RAN 切片允许在不同 RAN 切片之间进行有效的资源共享，可以最大限度地提升频率效率并实现高水平的能源和成本效率。虚拟化是 RAN 切片的关键技术，通过引入长期演进（LTE）虚拟化以及管理程序，负责将一个 eNodeB 虚拟化为多个虚拟 eNodeB，这能够动态地将网络资源分配给不同的切片，以使用户的满意度最大化。

可以设想 5G 将支持三类网络切片：大规模机器类通信（mMTC），超可靠低延迟通信（URLLC）和增强型移动宽带（eMBB）。

mMTC 代表了一种对智慧城市等密度连接要求很高的方案。该方案中，终端之间的直接通信可以避免基站与终端之间的长距离传输，有效地降低了能耗。另外，新的多址技术可以通过信息覆盖传输为多用户以指数方式增强设备连接的系统能力。

URLLC 要求超低时延和超高可靠性，可用于例如自动驾驶汽车、远程控制等应用场景。在 URLLC 中，控制平面和数据平面之间的分隔是可选的。控制平面优化了数据传输路径，数据平面则负责高速转发数据。URLLC 可以应用较短的帧结构并优化信令过程。URLLC 利用高级调制编码和重传机制，来提高传输可靠性。

eMBB 的场景集中于高宽带，例如高分辨率视频、虚拟现实等，其具有高业务量密度和用于用户体验的高速。在这种情况下，需要控制平面与数据平面解耦，因为数据平面集中在高速转发数据上。

此外，可有效复用频率资源并大大提高单位面积频率复用效率的超密集网络（UDN）也适用于 RAN 切片。另外，也可以使用多个低密度奇偶校验码、新的位映射技术和超奈奎斯特（FTN）调制。根据应用场景的要求，网络切片可自定义所需的网络功能和灵活的网络，以优化业务流程和数据路由。网络具有动态分配资源的能力，可以提高网络资源的利用率。

2.5 边缘计算技术

5G 是下一代蜂窝网络，希望实现服务质量的实质性改进，例如更高的吞吐量和更低的延迟。边缘计算（Edge Computing）是一项新兴技术，它通过将云功能带到最终用户或用户设备（User Equipment，UE）附近，克服了传统云的固有问题，如高延迟和缺乏安全性，从而实现了向 5G 的演进。

预计 5G 将支持具有低延迟和高吞吐量要求的高度交互式应用程序。边缘计算采用分散式模型，该模型使云计算功能更接近 UE，以减少延迟。边缘计算既可以作为单个计算平台运行，也可以与其他组件（包括云）一起作为协作平台。边缘计算是必需的。传统的云计算模型不适用于计算量大且具有高 QoS 要求（包括低延迟和高吞吐量）的高度交互式应用程序，这是因为云可能离 UE 较远，也会增加能耗。换句话说，云服务器通常位于核心网络，小型云的边缘服务器位于网络的边缘。要了解边缘计算的需求，请考虑要求端到端延迟小于 10 ms 的自动驾驶汽车之间的实时数据包传递。访问云的最小端到端延迟大于 80 ms，这是无法忍受的。边缘计算满足了 5G 应用的亚毫秒级需求，并将能耗降低了 30% ~ 40%，这归因于访问边缘计算的能耗只是访问云的能耗的 20% 左右。

1. 在 5G 中部署和运行边缘计算的关键要求

在 5G 中成功部署和运行边缘计算有四个关键要求：实时交互、本地处理、高数据速率、高可用性。尽管四个关键要求都很重要，但必须根据实际应用考虑它们之间的平衡。

1）实时交互是使用边缘计算而不是云计算的基本动机，它确保低延迟以支持对延迟敏感的应用程序和服务（例如远程手术、触觉互联网、URLLC、无人驾驶车辆和车辆事故预防）以提高 QoS。边缘服务器能够以实时方式提供各种服务，包括决策和数据分析。

2）本地处理是可行的，因为数据和用户请求可以由边缘服务器而不是云来处理。这意味着，减少跨小型小区与核心网络之间连接的通信量，可以增加连接的带宽以防止瓶颈，减少核心网络中的流量。

3）高数据速率对于将由各种应用程序（例如虚拟现实和远程手术）生成的大量数据传输到边缘云是必不可少的。这些应用程序可以嵌入基站中的边缘服务器中，从而可以在无须访问核心网络的情况下访问边缘云，在小型蜂窝小区中使用毫米波频段可提供高数据速率传输。

4）高可用性可确保边缘云服务的可用性。由于边缘计算将数据和应用程序逻辑推送到边缘云，因此边缘云的可用性很重要。

2. 依赖边缘计算的 5G 应用

5G 的许多应用都依赖边缘计算来实现实时交互、本地处理、高数据速率和高可用性。这些应用包括：

1）医疗保健应用。在基于 5G 的智慧医疗应用中，医生使用远程平台来操作手术工具，利用边缘计算对患者生命体征和各类数据进行监控和分析处理。

2）娱乐和多媒体应用。在距离电视或智能终端设备较近的网络设备中嵌入边缘计算，可以实现对视频数据的快速处理和高吞吐量的传输。

3）虚拟现实、增强现实和混合现实等应用。将视频内容流传输到边缘计算服务器，由边缘计算服务器进行处理后再传输到虚拟现实眼镜，可以大幅度缩小眼镜的大小。

4）触觉互联网业务应用。触觉互联网是物联网的下一个发展方向，需要超快速响应和超可靠的网络连接。利用边缘计算可确保实时控制消息的快速传输和触觉数据的高速处理。

5）URLLC 业务应用。利用边缘计算，可以有效降低传输时延且降低传输过程中的误码率，从而实现满足 URLLC 业务的低时延和高可靠要求。

6）物联网业务应用。物联网包含大量的接入设备，且这些设备的处理能力较弱。利用边缘计算可以实现对物联网设备的边缘集中管理。

7）工业互联网业务应用。工业生产过程通常对网络时延和数据处理能力要求较高。利用边缘计算技术，可以将工业互联网中的数据传输和处理放在离生产现场较近的边缘服务器中，从而提高安全性和生产率。

8）智能交通系统应用。基于边缘计算技术，驾驶人可以共享或从交通信息中心收集信息，以实时避开有危险或突然停车的车辆，从而避免发生事故。此外，无人驾驶车辆还可以感知周围环境并以自主方式安全行驶。

3. 5G 中边缘计算的基本框架

5G 中边缘计算的基本框架如图 2-9 所示。

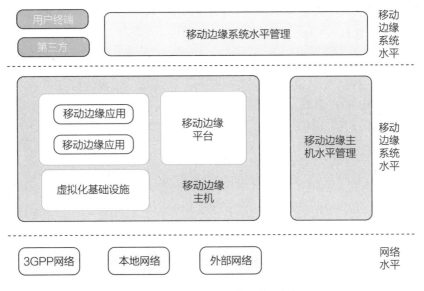

图 2-9 5G 中边缘计算的基本框架

该框架对 MEC 下不同的功能实体进行了网络（Network）、ME 主机水平（Mobile Edge Host Level）和 ME 系统水平（Mobile Edge System Level）三个层次的划分。MEC 的主要目标和作用如下：

1）改进数据管理以处理由 UE 生成的大量对延迟敏感的数据，这些数据需要在本地实时处理。例如，智能工厂中的本地 UE 每天有望产生多达 1PB 的数据。由于访问云会导致高延迟，因此边缘服务器应在本地处理数据，需要这种有效的数据管理来支持本地功能（例如 D2D）和实时应用程序（例如远程手术）。

2）改善 QoS 以满足各种严格的 QoS 要求，以提高体验质量（QoE）。这有助于支持下一代应用程序，包括高度交互的应用程序和按需服务。例如，空中服务（OTT）使在线内容的在线传送成为可能，多媒体内容通常需要低等待时间和高带宽，而服务提供商却没有积极参与内容的控制和分发。利用边缘计算，OTT 服务商可以全面了解用户兴趣及偏好，并根据用户兴趣和偏好向其提供个性化服务，从而提升用户体验。

3）预测网络需求，以估计所需的网络资源和满足本地附近的网络（或用户）需求，并随后提供最佳资源分配以处理本地网络需求。对网络需求的准确预测有助于决定应该在边缘还是在云上本地处理网络需求,因此有助于有效地分配资源 (例如带宽)。

4) 管理位置感知,从而使地理位置分布的边缘服务器能够推断自己的位置并跟踪 UE 的位置,以支持基于位置的服务。这使基于位置的服务提供商可以将服务和数据外包到边缘云。移动 UE 就可以在给定地理位置的情况下查询关于本地附近兴趣点等的信息,例如查询与医院和紧急响应期间的医疗建议有关的信息。

5) 增强本地安全性。边缘计算充当云和连接设备之间的附加层,以提高网络安全性,如:资源有限的 UE 边缘云可以用作安全的分布式平台,提供安全凭证管理、恶意软件检测、软件补丁分发和可信赖的通信,以检测、验证和对付攻击。边缘计算的紧密接近可以快速检测和隔离恶意实体,并可以启动实时响应以改善攻击的影响,这有助于最大限度地减少服务中断。另外,边缘计算的可扩展性和模块化性质以及能力可以促进在功能有限的 UE 之间部署区块链。

6) 本地存储。边缘计算将大量数据从 UE 转移到边缘云。尽管边缘服务器为大量数据提供了分布式本地存储,但是它们的存储却比云中的存储要低得多,而云实际上具有无限的存储容量。边缘服务器提供不同类型的存储策略以支持不同种类的数据,例如向一组互联的移动设备提供临时数据存储。

7) 本地计算。边缘计算将计算和处理从不太复杂的 (例如智能手机) 和高度复杂的 (例如手术工具和智能工厂) UE 转移到边缘云。尽管传统的高速缓存和访问技术 (例如 IEEE 802.11) 提供了简单的计算,但是边缘云是一种智能计算系统,其以独立和自主的方式在靠近 UE 的地方提供本地计算和数据处理能力。计算和处理的结果可能是对其他 UE (例如智能工厂中的 UE) 有价值的输入。边缘云可以执行小型任务并在本地提供实时响应,从而有助于降低成本和缩短将所需数据发送到云所产生的延迟。

8) 本地数据分析。边缘计算处理从不同应用程序附近收集的大量原始数据并对它们进行关键的实时数据分析,以生成有价值的信息。在本地进行数据分析的能力减少了向云发送数据以及等待来自云的响应所需的等待时间。随后,本地数据分析的结果被用于决策。

2.6 网络能力开放

5G 网络可以通过能力开放接口将网络能力开放给第三方，以便第三方按照各自的需求设计定制化的网络服务。图 2 – 10 所示为"5G + N"网络能力开放架构。

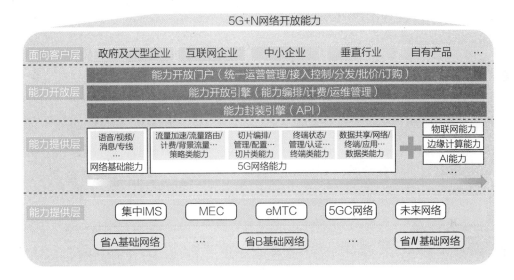

图 2 – 10 "5G + N"网络能力开放架构

面向未来的"5G + N"网络能力开放，分层分阶段部署实施。

1）在面向客户层，5G 面向千行百业的需求，将网络能力封装后提供给政府及大型企业、垂直行业、个人/家庭等第三方客户。

2）在能力开放层，5G 基于开放、软件化、服务化网络架构，按需构建统一的、标准化的能力开放层。

3）在能力提供层，5G 构建网络侧能力体系，包括 5G 策略能力、5G 切片能力、5G 数据共享、5G 终端类能力等，逐步落地网络切片及边缘计算能力，探索 5G 网络能力与人工智能、边缘计算、物联网等技术的结合，面向未来应用场景探讨"5G + N"网络能力开放。

第3章 / 新基建体系下的网络空间安全需求

新型基础设施是一个与传统基础设施相对的概念。传统基础设施指的是铁路、公路、机场、港口、水利设施等,又称"铁公基",在我国经济发展过程中发挥了极其重要的基础性作用。但随着社会经济不断发展,"铁公基"已无法满足经济、社会发展需求,新型基础设施应运而生。

新型基础设施是以新发展理念为引领,以技术创新为驱动,以信息网络为基础,面向高质量发展需要,提供数字转型、智能升级、融合创新等服务的基础设施。新型基础设施建设(简称新基建)是智慧经济时代贯彻新发展理念,吸收新科技革命成果,实现国家生态化、数字化、智能化、高速化、新旧动能转换与经济结构对称态,建立现代化经济体系的国家基本建设与基础设施建设。

新基建的本质是数字化基建,它将进一步促进网络空间与物理空间的连通和融合,加快大安全时代的来临。网络安全不再只影响虚拟空间,而是扩展到了现实世界,对国家安全、社会安全、民众的人身安全等都有可能造成严重影响。

因此,网络安全是新基建重要的基石。构建新基建的网络安全,要夯实地基,而不是搞装修,不能等"房子"建好了,再搞外表工程。相反,在建设新基建的每一种数字化系统时,都应该考虑如何同步建立网络安全防护体系。只有如此,才能让新基建的发展走得更稳,迈的步子更大。

3.1 新基建的范畴

新基建最大的一个特点,就是围绕科技端全方位展开。以5G技术为例,未来 5G 技术的应用与普及，极大地提升人类的生产效率和扩大人类的探索空间。5G 崛起所带来的颠覆，会更甚于 3G 和 4G 商用所带来的颠覆。5G 基建作为"新基建"的领头板块，将成为国家的重点发展对象。

新基建的范畴如图 3 - 1 所示，主要包括 5G 基站建设、特高压、城际高速铁路和城市轨道交通、新能源汽车充电桩、大数据中心、人工智能、工业互联网七大领域，涉及诸多产业链。

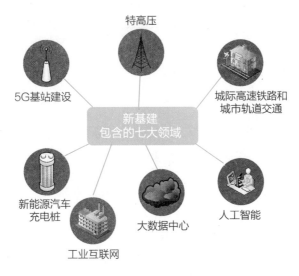

图 3 - 1　新基建的范畴

新基建以 5G、人工智能、工业互联网、物联网为代表，从本质上看，它指的就是信息数字化基础设施建设，可为传统产业向网络化、数字化、智能化方向发展提供强有力的支持，涉及通信、电力、交通、数字等多个行业的多个领域。5G 基站建设、特高压、城际高速铁路和城市轨道交通、新能源汽车充电桩、大数据中心、人工智能、工业互联网等涉及的领域和相关应用具体见表 3 - 1。由此可见，新基建直接关系着未来的国计民生，是名副其实的"国之重器"。

表 3 - 1　新基建的领域及相关应用

领域	相关应用
5G 基站建设	工业互联网、车联网、物联网、企业云、人工智能、远程医疗等

（续）

领域	相关应用
特高压	电力等能源行业
城际高速铁路和城市轨道交通	交通行业
新能源汽车充电桩	新能源汽车
大数据中心	金融、安防、能源等领域及个人生活（包括出行、购物、运动、理财等）
人工智能	智能家居、服务机器人、移动设备、自动驾驶
工业互联网	企业内部的智能化生产、企业之间的网络化协同、企业与用户之间的个性化定制、企业与产品的服务化延伸

新基建驱动传统产业转型升级。从目前的形势看，现在正是推动新基建的良机，无论科技水平还是商业模式都为新基建提供了良好的条件。新基建的发展也将反作用于科技、商业，促进科技进步，推动商业模式创新，促使消费习惯发生巨大转变。"新基建"与"产业"形成良性互动。

1）新基建补短板所产生的作用与传统基建相似，两种基建都可以直接拉动轨道交通、医疗养老、公共设施等行业发展，并对工程机械、水泥建材等行业发展产生间接促进作用。对于交通运输、农村基础设施和公共服务设施的建设来说，新基建也具有补短板的功能。新基建不仅可以带动轨道交通、医疗养老、旧改、文体等行业发展，还能通过产业链传导，给建筑业、工程机械、水泥建材等上游行业带来发展机会。

2）新基建中的5G、大数据、人工智能、工业互联网等建设的关键在于可以推动传统产业向数字化、网络化、智能化方向转型升级。因此，新基建不仅可以对相关行业发展产生直接促进作用，还能带动上下游产业发展，使电子信息设备制造业、信息传输服务业、软件信息技术服务业等行业受益。另外，随着工业互联网建设不断推进，工业企业内部也将实现网络化、信息化改造，工业企业的生产效率也将实现大幅提升。

3.2 5G 是新基建的重中之重

新基建是以数字化基础设施建设为核心的。从本质上看，以 5G、人工智能、工业互联网、物联网为代表的新型基础设施就是数字化的基础设施，是实现数字强国战略的重要基础。

新基建可以分为四个层次：核心层是以 5G、大数据、云计算为代表的数字技术的基础设施，如 5G 基站、互联网数据中心；第二层是对现有传统基础设施进行智能化改造的软硬件基础，如人工智能、工业互联网；第三层即新能源、新材料配套应用设施，如新能源汽车充电桩；最外层则多是补短板的基建，如特高压、城际高速铁路和城市轨道交通。从这个意义上理解，5G 也是最为基础和核心的新型基础设施。

随着物联网的快速发展，"万物互联"时代逐渐临近，接入的终端越多，生成的数据规模越大。在此形势下，以云计算、大数据、人工智能、物联网、区块链等新一代信息技术为支撑的数字经济进入"快车道"，其发展速度越来越快。

5G 在新基建中是最根本的通信基础设施之一，不仅可以为大数据中心、人工智能和工业互联网等其他基础设施提供重要的网络支撑，而且可以通过大数据、云计算等数字科技快速赋能各行各业。5G 是数字经济的重要载体。

5G 作为支撑经济社会数字化、网络化、智能化转型的关键新型基础设施，不仅在助力疫情防控、复工复产等方面作用突出，在稳投资、促消费、助升级、培植经济发展新动能等方面的潜力也是巨大的。从 5G 直播让网友"云监工"火神山、雷神山医院建设进展，到 5G 大宽带网络支持几亿人远程居家办公、在线教育，再到 5G 远程会诊、5G 热成像测温、5G 自动引导车（AGV）等的广泛应用，5G 以"大带宽、低时延、广连接"的特性，在抗击疫情中初露锋芒，为复工复产提供了重要支撑。

5G 能够传输更大规模数据，连接更大规模设备，并且速度更快、时延更低，可以为信息通信技术（ICT）基础设施提供更高效的连接能力。

以 5G 为首的新基建，正在为传统基础设施装上"大脑"、提供智慧。而作为最先进的移动通信技术，5G 是行业智能化转型的"中间件"，是传统基础设施数字化、智能化转型的"底座"。

从技术上讲，5G 是人工智能、工业互联网等其他数字经济基础设施和应用的基础；从经济上讲，5G 可以直接带动大规模的信息消费增长，而且会对产业结构、经济形态产生巨大影响。因此无论从哪个方面看，以 5G 为代表的现代信息通信网络都是数字经济的重要载体，也是最根本的基础设施之一。

3.3 5G 时代网络空间安全

3.3.1 5G 网络自身的安全体系

与 3G 和 4G 相比，5G 网络呈现以下特点：终端多样化；节点数量众多；节点的超高密度部署；多种无线网络技术和安全机制共存；端到端直接通信；引入了新技术，包括 V2X、SDN 和 NFV，这些新技术使 5G 网络面临一些新的安全挑战。

3GPP 组织已经进行了预研究，并提供了有关 5G 安全方面的几种标准。例如：3GPP TS 33.501 开发了一个新的 5G 安全框架，其中包括 5G 系统、5G 核心网络的安全功能和安全机制，以及在 5G 核心网络和新的 5G 无线接入网络上运行方式；3GPP TR 33.811 对网络切片管理进行了安全性研究，并针对 5G 网络切片管理方面提出了功能、安全威胁、安全要求和解决方案；3GPP TR 33.841 分析了量子时代后的对称和非对称加密算法中的安全威胁及其对用户设备（UE）、新无线（New Radio，NR）、5G 基站（Next Generation Node B，gNB）和核心网络实体的影响，并研究了 256 位密钥长度加密算法在 5G 中的应用，包括密钥派生、认证和密钥协商（Authentication and Key Agreement，AKA）、密钥生成、密钥完整性保护、密钥分发、密钥刷新、密钥大小协商、机密控制平面（Control Plane，CP）/用户平面（User Plane，UP）/管理平面（Management Plane，MP）信息的处理等，以确保将来 5G 系统的安全性。5G 系统安全框架如图 3 - 2 所示。

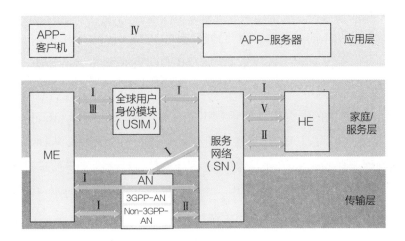

图 3 - 2　5G 系统安全框架

3GPP 组织定义了 5G 系统的六个安全级别，具体如下：

（1）网络访问安全性（Ⅰ）　该安全级别涉及使 UE 能够通过接入网络（Access Network，AN）安全地认证和访问服务的一组安全功能，包括 3GPP 接入和非 3GPP 访问，尤其是要防止对无线电接口的攻击。另外，该安全级别包括从服务网络（Service Network，SN）到 UE 的安全上下文传递，以实现访问安全性。

（2）网络域安全性（Ⅱ）　该安全级别包括使网络节点能够安全地交换信令数据和用户平面数据的一组安全功能。

（3）用户域安全性（Ⅲ）　该安全级别包括使用户能够安全访问移动设备的一组安全功能。

（4）应用程序域安全性（Ⅳ）　该安全级别的一组安全功能，能够使用户域和提供者域中的应用程序安全地交换消息。

（5）基于服务的体系结构（Service-Based Architecture，SBA）域安全性（Ⅴ）　该安全级别涉及 SN 与 HE（Home Environment，归属环境，包含用户配置文件、标识符和订阅信息的数据库）间的一组安全功能，包括网络元素注册、发现和授权安全性以及对基于服务的接口的保护。

（6）安全性的可见性和可配置性（Ⅵ）　该安全级别的一组功能，能够让用户知道安全功能是否正在运行。

5G UE 接入和切换方法中的安全性审查如下：

（1）接入程序中的安全性　UE 与网络之间的相互认证、用于提供密钥材料以保护后续安全程序的密钥协议是 5G 网络中最重要的两个安全功能。在 5G 系统中，3GPP 组织定义了一种名为 5G AKA 的新 AKA 协议，该协议通过为家庭网络提供 UE 成功认证的证据来增强 4G AKA 协议，即 EPS AKA。在 5G 之前，归属网络（Home Network，HN）将身份验证向量（Authentication Vector，AV）发送到访问网络（Virtual Network，VN）之后，不参与后续的身份验证过程，这很容易导致安全问题。如在漫游场景中，归属运营商可以获取漫游用户的完整认证向量，使用漫游用户的认证向量来伪造用户位置、更新信息，从而产生漫游费用，伪造账单。为了抵御这种攻击，5G AKA 协议对身份验证矢量执行了单向转换，其中访问运营商只能获取经过转换的漫游用户的身份验证矢量。访问运营商无须获取原始认证向量就可以实现对漫游用户的认证，并将漫游用户的认证结果发送给归属运营商，因此归属运营商可以增强对访问运营商的认证控制。

（2）切换过程中的安全性　3GPP 组织为 5G 系统制定了不同的移动方案，包括新无线内移动、3GPP 间移动性接入以及 3GPP 与非信任非 3GPP 接入之间的移动性。

在 5G 安全模型中，数据机密性是主要的安全要求之一。4G 和 5G 架构中，任何用户平面数据都必须是机密的，并应防止未经授权的用户使用。这可以保护数据传输，防止泄露给未经授权的实体和被动攻击（即窃听）。标准数据加密算法已被广泛采用，以实现 5G 网络应用程序（例如车辆网络、健康监控等）中的数据机密性。

4G 仅为非接入层（Non-Access Stratum，NAS）和接入层（Access Stratum，AS）提供完整性保护。与之相比，在 5G NR 中，分组数据汇聚协议（Packet Data Convergence Protocol，PDCP）层也对无线数据流量的完整性以及用户平面的完整性提供保护。这项新功能适用于小型数据传输，尤其是对于受约束的物联网设备。此外，5G 认证机制 5G‒AKA 正在使用完整性受保护的信令。这确保了任何未经授权的一方都不能修改或访问通过空中传送的信息。

在 5G 域中，网络可用性是为了确保合法用户在任何时候都可以访问网络资源，因为可用性会影响服务提供商的声誉。换句话说，可用性确保了网络基础设施的高概率有效性。它还可以针对主动攻击，例如拒绝服务（DoS）攻击，衡量网络的可持续性。DoS 攻击会降低网络性能，但是对于 eMBB 和 uMTC 两种典型应用来说，网络可用性要分别至少达到 95% 和 99.99%。

4G 到 5G 的信任模型变化如图 3-3 所示。

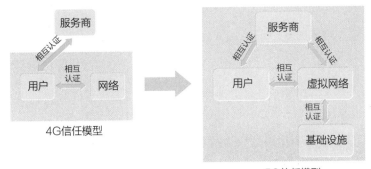

图 3-3　4G 到 5G 的信任模型变化

在现有的 4G 系统中，信任模型非常简单。移动网络用户与网络之间的信任关系是通过相互身份验证建立的，用户与应用程序之间的信任关系不属于移动通信系统的范围。但是，在 5G 中增加了附加参与者（如垂直服务提供者）的信任模型，以执行更安全、更高效的身份管理。

5G 提供了比 4G 更强的安全能力，包括：

（1）服务域安全　针对 5G 全新服务化架构带来的安全风险，5G 采用完善的服务注册、发现、授权安全机制及安全协议来保障服务域安全。

（2）增强的用户隐私保护　5G 网络使用加密方式传送用户身份标识，以防范攻击者利用空中接口明文传送用户身份标识来非法追踪用户的位置和信息。

（3）增强的完整性保护　在 4G 空中接口用户面数据加密保护的基础上，5G 网络进一步支持用户面数据的完整性保护，以防范用户面数据被篡改。

（4）增强的网间漫游安全　5G 网络提供了网络运营商网间信令的端到端保护，防范以中间人攻击方式获取运营商网间的敏感数据。

（5）统一认证框架　4G 网络不同接入技术采用不同的认证方式和流程，难以保障异构网络切换时认证流程的连续性。5G 采用统一认证框架,能够融合不同制式的多种接入认证方式。

综上所述,5G 针对服务化架构、隐私保护、认证授权等安全方面的增强需求,提供了标准化的解决方案和更强的安全保障机制。

3.3.2 核心技术的安全性

1. NFV

(1) NFV 的安全风险 NFV 范式被引入 5G 中,将多个网络功能整合到软件设备上,这些设备在一系列行业标准硬件上运行。软件与硬件的脱离可以带来资本和运营支出方面的优势,提高网络服务的可扩展性、弹性,缩短其面市时间。然而,这些机会也伴随着许多新的挑战,NFV 框架和典型安全风险如图 3 - 4 所示。虚

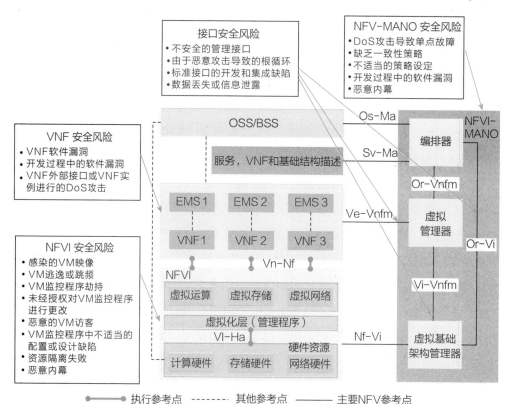

图 3 - 4 NFV 框架和典型安全风险

拟化网络的新安全风险包括来自物理网络的威胁和来自虚拟化技术的威胁。NFV特定的安全挑战可能来自 NFVI、NFVO-MANO，以及 VNF、NFVI 和 NFV-MANO之间的接口。

1）NFVI 的威胁：攻击者可能会上传受感染的虚拟机（Virtual Machine，VM）映像，其中包含恶意代码（如特洛伊木马）。当受感染的 VM 映像被其他用户使用时，敏感数据（例如密码）可能会被暴露给恶意的攻击者。此外，攻击者还可以通过运行 VM 上的恶意代码来访问主机操作系统，并进一步访问在同一主机上运行的其他 VM。VM 管理程序中的不当配置或设计缺陷可能被攻击者利用以打破隔离，导致对访问者 VM 的 DoS 攻击。VM 管理程序的权力可能会被恶意 VM 滥用，这会导致其他 VM 的性能下降。此外，攻击者可能会向云系统注入恶意 VM 管理程序，从而导致受攻击的 VM 管理程序托管的所有组件被劫持。

2）VNF 的威胁：VNF 软件设备可能容易受到各种类型的软件缺陷的影响。此外，攻击者可能会通过使用大量虚假流量淹没所有可用资源来启动对 VNF 或VNF 外部接口的 DoS 攻击。

3）NFV-MANO 的威胁：潜在的单点故障，使得 NFV-MANO 是一个有吸引力的攻击目标，操作受损可能导致 NFV 系统故障。此外，NFV 系统的多供应商集成功能使得协调全球安全策略变得困难。在如何管理和协调 NFV 资源方面缺乏一致性策略可能会招致安全威胁。

4）NFV 系统接口的威胁：攻击者可能会利用不安全的接口转储敏感信息的记录（如管理密码），通过路由环路进行恶意攻击。网络故障也可能导致管理服务丢失。此外，攻击者可能会将恶意代码嵌入接口中，以便非法访问被攻击的系统。

另外，在实际的 NFV 系统实施过程中，可能会引入额外的安全风险。如果没有标准的操作性规范，NFV 系统中的混合情况在集成不同供应商的组件时可能会导致安全漏洞。

（2）NFV 风险的对策　为了提高 NFV 的安全性，欧洲电信标准化协会（European Telecommunications Standards Institute，ETSI）推荐了许多对策，见表 3-2。在 NFV 系统中，现有的安全保护解决方案（如防火墙和入侵防护系统）可用于防止外部攻击。通过持续监视资源消耗，可以检测到 NFVI 级别的攻击。

表 3 - 2　典型 NFV 风险的对策

NFV 各层	安全风险	对策
NFVI 层	性能下降	通过严格分离每个 VM 的资源来隔离性能
	NFV 平台的完整性	可信平台和远程认证
	VM 逃逸，跳频	保持管理程序更新
	由于 VM 崩溃而删除数据	崩溃保护
	未经授权更改管理程序	细粒度的身份验证和授权
VNF 层	感染的 VNF 映像	对 VNF 映像进行加密签名
	恶意 VNF	系统管理程序自查，异常检测
	DoS 攻击	灵活的 VNF 部署，伸缩性策略
NFV-MANO 层	单点故障	单独管理和分布式控制
	恶意内幕	细粒度的访问控制
	DoS 攻击	安全监控，灵活扩展
接口	恶意路由环路攻击	虚拟网络拓扑验证
	敏感数据泄露	保密和完整性保护

　　1）安全 NFVI。为确保系统启动安全，在 NFVI 中可以考虑信任的计算和崩溃保护。例如，基于引导完整性测量的远程证明可用于验证 NFV 平台的信任状态。此外，通过严格分离每个 VM 的资源来隔离性能，以防止恶意 VM 滥用 VM 管理程序的权力。为了降低 VM 攻击（如 VM 逃逸、VM 跳频）的安全风险，一种良好的安全的做法是定期应用最新的安全修补程序来使虚拟机管理程序保持最新。

　　2）安全 VNF。为避免 VNF 映像文件受到恶意软件感染，对 VNF 映像进行加密签名，可以在启动前进行验证。要检测恶意 VNF 和 DoS 攻击，可采用有效的安全监视机制，这有助于提供对网络事件和活动的可见性。

　　3）安全 NFV-MANO。ETSI 的 NFV 架构为多租户环境和云基础架构中的 VNF 提供安全。此外，身份和细粒度访问控制（例如，基于角色的访问控制）

可用于减轻内部攻击的影响。为了降低 NFV-MANO 的单点故障风险，可以根据管理角色的功能、职责和访问权限将管理角色划分为多个分布式实体和管理员。

4）安全的连接接口。为避免恶意路由环路的攻击，应验证虚拟网络拓扑，以确保管理接口即使在某些 VNF 服务状态时也可用。此外，建议使用 TLS 或 IPSec 改善不同 NFV 组件之间的安全通信。

NFV 除了拥有消除或减轻与 NFV 相关的各种风险的解决方案外，其本身也有助于提高 5G 网络服务抵御各种攻击的恢复能力和可用性。NFV 的灵活性和可扩展性可以提高 DDoS 攻击的响应时间和恢复能力，并启用按需安全服务预配以阻止恶意流量。策略控制的业务流程系统可以主动为关键 VNF 安排资源，以提高服务可用性，或协调虚拟安全功能以实现敏捷保护。云资源冗余可以实时缓解许多安全问题。NFV 使 5G 网络运营商能够通过安全即服务模式向垂直客户提供服务，并可按需提供虚拟化的预防和防御机制。

2. 网络切片

基于计算技术的最新进展，5G 引入了网络切片概念，以提供定制化服务。但网络切片也带来了额外的安全挑战。

1）不同网络切片之间的隔离不足。共享网络基础结构资源可能为不同的应用程序或组织托管网络切片实例。如果没有良好的隔离，攻击者就可能会滥用一个切片的容量弹性来消耗另一个目标切片的资源，从而使目标切片失去服务。

2）根据 5G 架构，某些核心网络控制平面功能函数（如 AMF、NSSF）是多个切片的通用函数，这使得攻击者能够通过非法访问另一个切片的通用函数来窃听目标切片的数据。

3）UE 可以同时访问多个网络切片。UE 可能被误用，以启动从一个切片到另一个切片的安全攻击。当单个 UE 访问多个网络切片时，攻击者可以攻击以破坏数据机密性，例如网络切片之间的数据不泄露和完整性。

4）UE 和网络之间为切片选择而交换的信息可能会被篡改或伪造，从而导致切片选择不正确，例如 UE 无法从右切片获取服务，或者某些恶意 UE 可能定向到关键切片。此外，攻击者可能会窃听在网络切片选择过程中使用的用户隐私信息。

此外，网络切片的管理安全性不容忽视，网络切片实例生命周期管理的每个阶段都存在安全风险。例如，恶意攻击可能会通过恶意软件破坏网络切片模板，从而影响所有后续的网络切片实例。

关于网络切片安全性，3GPP 已经确定了一些潜在的解决方案。为了避免 UE 被滥用而成为引发安全攻击的跳板，身份验证服务器可以根据从公共订阅服务器检索到的信息强制实施切片身份验证和授权。此外，网络切片还可为具有特殊安全要求的用户或垂直服务提供商提供定制的安全保护。NFV 和 SDN 技术可以组合使用，为不同的 5G 网络切片提供按需定制的虚拟安全服务。

3. SDN

SDN 被视为一种新兴的网络架构，可促进通信网络的创新并简化网络管理。其基本思路是通过将控制平面与数据平面分离来提供可编程性。控制平面在逻辑上集中用于建立数据转发策略，数据平面的分布基于转发策略处理流量。基于 SDN 的网络体系结构由三个不同的平面组成。

1）应用程序平面。应用程序平面包含各种 SDN 应用程序，如安全服务。

2）控制平面。控制平面维护网络的全局视图，向 SDN 应用程序提供数据平面抽象，并生成基于应用程序的数据转发策略要求。

3）数据平面。数据平面用于根据控制平面的策略转发流量，以提供所需的网络服务。

通过从逻辑上集中网络控制平面和引入可编程性，SDN 使安全自动化、运行时更新转发策略和按需调度安全服务成为可能。SDN 的特性可以通过提供高度反应性的风险监控、分析和响应系统来改善网络安全。然而，它也带来了前所未有的安全挑战。例如，不同平面之间的新 API 可以通过假装另一个平面来攻击某个平面。控制平面因其可见性质而特别容易受到恶意攻击，如 DoS 或 DDoS。逻辑上集中的 SDN 控制器可能会成为单点故障，并在受到安全危害的情况下中断整个网络。SDN 控制器中网络资源的可见性可能被恶意应用程序滥用。此外，打开不同平面之间的接口有可能引入新的漏洞。

SDN 安全对策见表 3 - 3。

表 3 - 3　SDN 安全对策

SDN 平面	威胁	解决方案
应用程序平面	应用程序内部或其他形式的威胁	安全应用程序的开发框架
	流规则矛盾	应用程序调试框架
	缺乏访问控制	应用程序许可系统
	违反安全政策	安全策略验证
控制平面	DDoS 攻击	检测框架
	未经授权的控制器访问	安全控制器架构和 App-Ctrl 接口
	可用性受损	分布式可靠的控制器放置
数据平面	欺诈流规则	配置验证，网络调试
	泛洪攻击	政策执行框架
	中间人攻击	在 Ctrl-data 接口上强制执行 TLS

面对以上挑战，SDN 中的集中式智能支持网络范围的安全策略的实施，从而降低策略冲突风险。利用 SDN 的网络安全应用程序，可以在运行时响应网络异常和虚假流量。网络安全应用程序可以通过来自任何网络外围的控制平面收集流量样本，从而实现网络范围的威胁识别。通过更新流量转发规则支持快速响应，以在运行时将可疑流量引导到入侵检测系统或防火墙。

4. 移动边缘计算

最近，移动边缘计算（Mobile Edge Computing，MEC）成为一种新的架构，并迅速获得发展。由于许多关键物联网服务，如虚拟现实（Virtual Reality，VR）、增强现实（Augmented Reality，AR）应用程序，将得到 5G 的支持，因此MEC 范例被引入 5G 网络架构中。MEC 在移动网络边缘、RAN 内和靠近移动用户的地方提供 IT 服务环境和云计算功能。它提供一个具有超低延迟和高带宽的环境，以及直接访问无线电网络的上下文信息，应用程序可以使用这些信息来改善用户体验并降低服务交付成本。

使用 MEC，运营商或第三方就更方便地将其服务部署在用户附近，以便通过减少传输网络上的端到端延迟和负载来提高服务交付效率。此外，MEC 还提供具有多个信任域的分布交互式计算环境，具有多个参与者，如应用程序服务提供商和边缘数据中心基础结构提供商、移动网络提供商、用户。作为一个开放的平台，MEC 平台的多个信任域可以由不同的参与者控制。

一个具有挑战性的问题是，内容感知、实时计算、多个信任域等独特功能，使 MEC 技术在安全和隐私保护方面带来了许多安全威胁和挑战。一些安全挑战源于将 IT 应用程序引入电信系统。RAN 施加的环境和安全要求通常与 IT 用户的不一样。另一些安全挑战源于部署方案产生的物理安全限制之间的差别。此外，第三方应用程序部署在 RAN 附近，并且 MEC 向托管应用程序提供开放 API，网络运营商的安全问题可能会加剧，因此 5G RAN 面临更多被恶意应用程序攻击的风险。在租户运行自己的控制逻辑的多租户 MEC 环境中，多租户之间的交互可能会导致网络配置冲突。

开放平台的信任管理是另一个具有挑战性的问题。位于一个信任域的所有实体都有各种协作对等体，这些对等体位于不同的时间和条件下的其他信任域中。位于不同信任域的信任管理功能应该能够尽可能减少相互交换兼容的信任信息。

此外，由于 MEC 将一些存储和计算任务从中央数据中心卸载到网络边缘，因此它可能会给用户数据安全和隐私保护带来新的挑战，特别是在数据安全和隐私保护被视为 MEC 中最重要的服务的前提下。私人信息（如数据、身份和位置）的泄露可能导致非常严重的结果。

在 MEC 中，用户隐私问题更具挑战性，因为存在许多相关方，例如边缘数据中心提供商、网络基础设施提供商、开放生态系统中的服务提供商。最终用户的隐私数据需要外包给第三方，如边缘数据中心提供商，可见数据所有权和控制是分开的。用户面临着数据丢失、数据泄露、非法数据操作的风险，因此外包数据的安全性和隐私性问题仍然是 MEC 的一个根本问题。此外，由于边缘数据中心管理和处理来自附近用户的信息，因此不法分子由于对上下文的感知而提取有关用户的敏感信息的风险更大。

5. 网络能力开放

网络能力开放也会带来一定的安全风险：一是网络能力开放将用户个人信

息、网络数据和业务数据等从网络运营商内部的封闭平台中开放出来，网络运营商对数据的管理控制能力减弱，可能会带来数据泄露的风险；二是网络能力开放接口采用互联网通用协议，会进一步将互联网已有的安全风险引入 5G 网络。

相应的技术应对措施如下：一是加强 5G 网络数据保护，强化安全威胁监测与处置。二是加强网络开放接口安全防护能力，防止攻击者从开放接口渗透进入运营商网络。

从整体看，尽管 5G 网络引入的 NFV、网络切片、SDN、MEC、网络能力开放等关键技术，一定程度上带来了新的安全威胁和风险，对数据保护、安全防护和运营部署等方面提出了更高要求，但这些技术的引入是逐步推进和不断迭代的，其伴生而来的安全风险，既可通过强化事前风险评估，也可在事中事后环节采取相应的技术解决方案和安全保障措施，予以缓解和应对。

3.3.3　系统架构的安全性

5G 安全体系结构旨在满足新的安全要求和防范与新技术相关的新风险。与 4G 系统类似，5G 的完整性和机密性保护都应用于 UE 和网络之间交换的 NAS 和 AS 消息。NAS 信令数据保护由 UE 和 AMF 提供。AS 信令数据保护由 UE 和 gNB 在分组数据汇聚协议（PDCP）层提供。在用户平面数据保护方面，与仅具有保密保护的 4G 相比，5G 可以激活 gNB 和 UE 之间的保密性和完整性保护。尽管信令流量的完整性和重播保护是强制性的，但 UE 和 gNB 之间的用户平面的完整性保护是可选的，因为这会增加数据包大小、数据包处理负载和时间的开销。与 4G 相比，5G 可以在 3GPP 5G 标准 V15 中定义的数据包数据单元（Packet Data Unit，PDU）中提供灵活的安全保护。控制平面功能的安全策略，可以针对不同的用户平面流量提供不同的完整性和保密性保护。对于某些电池受限或延迟低的物联网设备，5G 用户平面上的完整性保护非常有用，因为端到端应用程序级保护可能涉及握手和数据包头中的太多开销。

为了满足某些垂直服务提供商的更严格的安全要求，3GPP 引入了两个 5G 身份验证过程：主要身份验证和 V15 中的辅助身份验证。主要身份验证用于建立

UE 和网络之间的信任，这类似于 4G 的信任。主要身份验证方法可以是 5G AKA 或 EAP – AKA。在身份验证过程中，AUSF 应根据用户的订阅和其他信息（如服务网络名称等）选择特定的身份验证方法。为了防止欺诈，5G 中的主要身份验证过程得到了增强，从而提供了增强的家庭网络控制。在主要身份验证过程中，负责鉴权认证的 AUSF（Authentication Server Function，认证服务器功能）从访问网络获取 UE 已成功完成身份验证或未进行身份验证的确认。此外，如果使用 3GPP 凭证，则身份验证结果将报告给家庭网络中的 UDM（Unified Data Management，统一数据管理，用于存储所有用户数据、网络服务配置文件和网络接入策略等信息的服务器）。存储在 UDM 中的用户身份验证状态可用于将身份验证确认链接到用户访问网络的后续过程。

根据第三方服务提供商的要求，在外部数据网络中的 UE 和 DN-AAA 服务器之间执行辅助身份验证。辅助身份验证用于在 UE 和外部数据网络之间建立信任。EAP（Extensible Authentication Protocol，可扩展身份验证协议）框架被选为辅助身份验证的唯一方法。核心网络中的 SMF（Session Management Function，会话管理功能，负责建立和管理会话、用户设备 IP 地址分配和管理等）充当 EAP 身份验证器，在 UE（EAP 客户端）和 DN-AAA（EAP 服务器）之间中继 EAP 消息。根据辅助身份验证结果，核心网络中的 SMF 可以继续或终止与外部数据网络的会话的建立。

为了保护用户 SUPI（Subscriber Permanent Identifier，永久标识符），3GPP 5G 标准 V15 的 5G 核心网络中引入了一个新概念，即用户 SUCI（Subscription Concealed Identifier，隐藏标识符）和一个新功能——用户 SIDF（Subscription Identifier Deconcealing Function，标识符去隐藏功能）。SUCI 是包含隐藏 SUPI 的保护隐私标识符，防止 SUPI 直接传输过程中被截获。SIDF 对 SUCI 进行解密，以获得 SUPI。在 5G 中，SUPI 总是以加密形式通过无线接口传输的。更具体地说，就是使用基于公钥的加密来保护 SUPI，只有 SIDF 可以访问与分发给 UE 用于加密其 SUPI 的公钥相关联的私钥，因此无论是被动攻击还是主动攻击都无法通过 5G 空中接口窃取用户标识信息。

为了防止与 SBA 相关的新风险，在 3GPP 5G 标准 V15 中引入了 5G 新的身份验证和授权机制。在网络服务发现和注册过程中，NRF 和网络功能（NF）应相互进行身份验证。根据是否使用基于令牌的授权，通过两种方式在 NF 之间形成身份验证：如果使用基于令牌的授权，服务使用者 NF 应在访问服务 API 之前在传输层对服务生产者 NF 进行身份验证；否则，服务使用者 NF 和服务生产者 NF 在访问服务 API 之前应相互验证。

NF 服务的授权机制基于 OAuth2.0 框架，其中网络资源功能充当 OAuth2.0 身份验证服务器，NF 服务使用者充当 OAuth2.0 客户端，NF 服务生产者充当 OAuth2.0 资源服务器。在访问网络服务之前，服务使用者 NF 应在 NRF 中注册。然后，NF 服务使用者应从 NRF 请求预期 NF 服务的访问令牌。NRF 决定是否可以授权 NF 服务使用者，如可以则生成访问令牌，该令牌包含在给服务使用者的响应消息中。使用访问令牌，NF 服务使用者向 NF 服务生产者启动服务请求，服务提供程序可能使用 NRF 的公钥或请求 NRF 验证令牌，从而在本地验证令牌的完整性。如果验证成功，NF 服务生产者会向 NF 服务使用者提供请求的服务。

为避免与网络功能暴露相关的风险，5G 核心网络中的网络暴露功能（Network Exposure Function，NEF）针对第三方应用程序通过身份验证和授权实现安全信息暴露。具体而言，NEF 和第三方应用程序功能（Application Functions，AF）应使用传输层安全（Transport Layer Security，TLS）协议执行相互身份验证。根据 AF 和所需服务的功能，NEF 可以从公钥基础结构（Public-Key Infrastructure，PKI）证书、预共享密钥或 OAuth 2.0 令牌三种替代方法中选择一种特定的身份验证方法，其中包括公钥基础设施（Public-key Infrastructure，PKI）证书、预共享密钥或 OAuth 2.0 令牌。身份验证成功后，NEF 应确定是否可以通过授权过程访问所需的网络功能。NEF 应根据 AF 的订阅或第三方应用程序服务提供商和网络服务提供商之间的业务协议，使用基于 OAuth 的授权机制授权 AF 请求。此外，为了防止第三方 AF 和 NEF 之间的 API 受到攻击，TLS 必须用于提供完整性、重播和机密性保护。

3.3.4 叠加行业应用之后的安全性

5G 产业生态主要包括网络运营商、设备供应商、行业应用服务提供商等，其安全基础技术及产业支撑能力的持续创新性和全球协同性，对 5G 安全有重要影响。

1. 网络部署运营安全分析

5G 网络的安全管理贯穿于部署运营的整个生命周期，网络运营商应采取措施管理安全风险，保障这些网络提供服务的连续性。

1）在 5G 安全设计方面，5G 网络的开放性和复杂性，使得 5G 对权限管理、安全域划分隔离、内部风险评估控制、应急处置等方面提出更高要求。

2）在 5G 网络部署方面，网元分布式部署可能面临系统配置不合理、物理环境防护不足等问题。

3）在 5G 运行维护方面，5G 具有运维粒度细和运营角色多的特点，细粒度的运维要求和多样化的运维角色意味着运维配置错误的风险提升，错误的运维配置可能导致 5G 网络遭受不必要的安全攻击。此外，5G 运行维护要求高，给从业人员操作规范性、业务素养等带来挑战，也会影响 5G 网络的安全性。

2. 垂直行业应用安全分析

5G 与垂直行业深度融合，行业应用服务提供商与网络运营商、设备供应商一起，成为 5G 产业生态安全的重要组成部分。一是 5G 网络安全、应用安全、终端安全问题相互交织，互相影响，行业应用服务提供商因直接面向用户提供服务，而在确保应用安全和终端安全方面承担主体责任，需要与网络运营商明确安全责任边界，强化协同配合，从整体上解决安全问题。二是不同垂直行业的应用存在较大差别，安全诉求存在差异，安全能力水平不一，难以采用单一化、通用化的安全解决方案来确保各垂直行业应用安全。

3. 产业链供应安全分析

5G 技术门槛高、产业链长、应用领域广泛。5G 的产业链涵盖系统设备、芯片、终端、应用软件、操作系统等，其安全基础技术及产业支撑能力的持续创新性和全球协同性，对 5G 及其应用构成重大影响。如果不能在基础性、通用性和前瞻性安全技术方面加强创新，使得产业链各环节同步更新、完善 5G 网络安全产品和解决方案，不断提供更为安全可靠的 5G 技术产品，那么网络基础设施的脆弱性将被增强，5G 安全体系的完善将受到影响。根据 5G 网络生态中不同的角色划分，5G 网络生态的安全应充分考虑各主体不同层次的安全责任和要求，既需要从网络运营商、设备供应商的角度考虑安全措施与保障，也需要垂直行业（如能源、金融、医疗、交通、工业等行业）应用服务提供商采取恰当的安全措施。

3.4 新型网络空间安全面临的挑战

5G 技术无疑是一把双刃剑，在方便人们生活、变革思维模式及推动社会进步的同时，也给网络空间安全带来诸多挑战。

3.4.1 万物互联的新挑战

如下一代移动网络（NGMN）联盟所设想的，除了增强型移动宽带（eMBB）连接外，5G 还支持垂直行业的各种物联网应用，这些应用可分为两类：

1）大规模机器类通信（mMTC）。此类应用包括低成本、低功耗、远程机器类通信（MTC）和宽带 MTC。在不久的将来，超轻、低功耗传感器可以集成到人们的衣服中，以测量人们的健康状况。与普通用户设备（UE）相比，mMTC设备具有许多独特的功能，包括功耗低、成本低、无人工干预。轻量级加密算法和密钥管理协议对于 mMTC 设备的低成本和低电池功能至关重要。mMTC 的不同用例导致广泛的安全要求。例如，与农业传感器网络方案相比，智能可穿戴方案具有不同的保密要求。

2）超可靠低时延通信（URLCC）。此类应用包括对实时交互需求强烈的应用程序。例如，自动驾驶场景需要超可靠的通信和即时反应来防止道路事故。实时反应预计在亚毫秒内。采用 URLCC 应用的行业整体而言具有高安全性和广泛的要求，包括超高可靠性和可用性、超低时延，它们对吞吐量、数据完整性和机密性也有要求。从性能和安全性的角度来看，超可靠和/或超实时交互尤其具有挑战性。快速访问、强大的身份验证协议、高速加密算法有望满足低时延和高可靠性的要求。

计算能力非常有限、MTC 器件的能源供应有限以及 MTC 应用的特殊性，给安全机制设计带来了前所未有的挑战。同时，各种 5G 物联网用例也带来了新的安全威胁。对 mMTC 的安全威胁可能包括数据操作、恶意设备、设备克隆和 DoS 攻击。主要风险可能来自没有足够安全保护的非常简单、低成本的 mMTC 设备。URLCC 的典型威胁可能包括中间人攻击、窃听、DoS 攻击和恶意设备。随着大规模物联网设备在 5G 中的高渗透，DoS 或 DDoS 攻击可能会对运营商和用户构成严重威胁。典型威胁可分为对设备的威胁和对网络的威胁。

1. 对设备的威胁

1）设备触发器。攻击者可以模拟网络或 MTC 服务器，将触发器发送到处于分离状态的 MTC 设备，从而唤醒 MTC 设备并浪费电源。攻击者可以推断 MTC 设备在特定时间的位置。此外，攻击者通过篡改设备触发消息中包含的信息，以误导 MTC 设备的设置或其与错误的 MTC 服务器连接。

2）对设备的攻击。部署在实地的许多 MTC 设备都是通过人工干预远程操作的或无人值守的，这使得它们容易受到物理攻击。攻击者可以利用对设备的物理访问而获得完全控制，这称为节点捕获攻击。对终端设备的攻击在物联网系统中可能是极其危险的，因为受损设备可能会生成损坏的信息，从而严重影响物联网控制系统，如智能能源。

3）隐私泄露。用于家庭和健康方案的物联网设备可携带敏感的用户信息，因此，这些设备在数据完整性和保密性方面的缺陷可能会导致隐私信息泄露。此外，这些物联网设备不在用户的直接控制之下，其过度或未经授权记录隐私信息，可能会泄露用户的私人信息，如身份和位置。

2. 对网络的威胁

1）拥塞控制。将不同的访问优先级指标分配给各种 MTC 服务和以人为本的服务，以实现高效的拥塞控制。攻击者可能会篡改分配给 MTC 设备的优先级，这可能会使拥塞控制无效，并对面向人的服务产生负面影响。

2）小数据。对小数据传输的优化，如信令消息上的小数据流量和快速路径，可以提高移动网络处理 MTC 服务小数据流量的效率。但是，大多数优化方法没有充分考虑安全风险。例如：在控制平面方法中，没有良好保护的小型数据可能会被攻击者篡改；恶意设备可能会不断通过优化的小数据路径发送大数据包，这可能会导致 DoS 攻击。

3）信令攻击。为了控制大型 MTC 设备对移动网络的访问，身份验证和授权机制通常由移动网络来实施。对 MTC 设备的大规模身份验证将带来显著的信令开销，甚至可能发生信令风暴。攻击者可以控制大量受损的 MTC 设备，并反复调用设备和网络之间的身份验证过程。攻击者也可能会将大型 MTC 设备作为大型僵尸网络进行操作，这意味着存在前所未有的安全风险。5G 需要对一组 MTC 设备进行高效身份验证，以减少信令开销，减轻对网络的影响，更重要的是降低发生信令风暴的风险。

3.4.2 多维度场景下面临的新威胁

无线通信系统不仅限于典型的电话音频和视频通话。它们还支持许多应用程序，包括游戏、购物、社交网络、自带设备、家用电器和云技术，这些给开发人员带来了广泛的研究挑战。同样，窃取信息不仅限于窃取一般信息，而已包括窃取财务等信息。物联网世界设备之间的连接正在 5G 网络中打开许多漏洞，诸如对大型物联网设备提供支持的场景下，D2D 通信、V2X（Vihicle to Everything/Vihicle to X，即车辆与任何事物的联系）SDN／NFV 等新特性和技术的引入，给 3GPP 5G 网络的安全性带来了巨大挑战。基于当前 3GPP 5G 网络的创新，3GPP 5G 安全性包括以下五个方面：

1）5G 访问和切换安全性。5G 网络将为大量用户提供支持，并安全访问多种类型的设备。5G 网络在访问安全方面存在很多安全问题，包括多域超短时身份验证和授权、异构网络安全通信和无缝安全漫游切换。

2）物联网安全性。3GPP 基于各种新兴的物联网技术，设计了几种标准，其中最重要的标准是 LTE 增强型 MTC（eMTC）和窄带物联网（NB-IoT）。eMTC 是一项旨在满足基于现有 LTE 运营商的物联网设备需求的技术。NB-IoT 是 3GPP 针对物联网提出的一种新的空中接口技术。3GPP 组织已经指定了网络体系结构、性能要求、QoS 保证机制，并讨论了安全要求和相应的解决方案等。但是，仍有许多安全问题有待解决，包括大规模物联网设备并发安全访问、针对不同类型物联网设备的差异化安全访问、隐私保护和轻量级安全机制等。

3）D2D 安全性。D2D 通信技术被定义为两个用户设备之间的直接通信技术，它可以与 5G 网络紧密集成以减少基站的负载，从而减少端到端延迟，增加系统容量并实现 5G 网络的设计目标。D2D 通信提出了一种混合架构，其中分布式和集中式方法耦合在一起，因此它容易受到来自蜂窝网络和自组织网络的多种安全威胁和隐私威胁的攻击。

4）V2X 安全性。与传统的专用短距离通信（DSRC）相比，5G–V2X 具有许多优势，如更大的覆盖范围、预先存在的基础架构、确定的安全性和 QoS 保证、更强大的可伸缩性等。但是，5G–V2X 中仍然存在安全性和性能问题，例如集中式架构、针对不同场景的几种不同类型的身份验证、针对一对多 V2X 通信的广播消息安全保护和 V2X UE 隐私保护等。

5）网络切片安全性。未来 5G 网络将广泛采用 SDN 和 NFV 等技术，5G 核心网络的拓扑将更加平坦，网络资源和中继节点资源将可控并动态优化。但是，许多网络特性以及 SDN/NFV 的广泛使用所引起的变化，使得许多最初围绕传统网络结构和通信设备设计的安全方法、安全策略、信任管理策略等可能不再适用于 3GPP 5G 网络。

3.5　5G 时代网络空间安全的影响

5G 互联网时代已经到来，出现了物联网、云计算、数字校园、虚拟现实、电子商务、网购直播、智慧校园电子办公翻转课堂等。网络空间安全更加需要科技人员的关注、研究，网络数据的安全技术有待进一步提升。

3.5.1 国家层面

在新的安全形势下，单一的防护手段已经失效了，因此需要统一协同的防护手段，构建安全联盟或者统一安全。这就要求从企业、行业协会乃至国家的层面实现各个安全技术之间的协同，形成以情报为驱动的防御网络。此外，还需要引进人工智能、机器学习、大数据等技术，以真正了解威胁的真实面目以及意图，并进行针对性防护。

正在向我们走来的新一代 5G 移动互联网，使得网络安全和隐私保护的形势更为严峻。

5G 网络将覆盖手机、智能家居、自动驾驶汽车、远程医疗服务、智能城市服务体系等领域。试想你坐在高速公路上的自动驾驶汽车里，黑客侵入系统控制了你的汽车，或者你的智能家居的视频和数据被盗取，你不仅会失去尊严甚至命在旦夕。5G 时代，网络安全更为严峻，加强网络安全、保护用户隐私已经刻不容缓。

5G 时代的网络安全，需要发挥全社会和全行业的力量，既要加大安全基础设施的投入，也需要行业建立协同应急响应机制。应重点关注四个方面：一是产品和服务自身的安全风险，以及被非法控制、干扰和中断运行的风险；二是产品及关键部件生产、测试、交付、技术支持过程中的供应链安全风险；三是产品和服务的提供者利用提供产品和服务的便利条件非法收集、存储、处理、使用用户相关信息的风险；四是产品和服务的提供者利用用户对产品和服务的依赖，损害网络安全和用户利益的风险。

由于 5G 涉及非常多行业数字化转型，包括大规模的物联网部署，因此网络攻击面扩大，5G 面临的网络安全问题更多、风险更大。国家应当从法律、政策、技术、伦理、经济、安全、隐私及弹性等全方位评估 5G 供应链的生态安全，要特别重点关注国外产品技术、服务对我国 5G 总体应用的安全和风险评估，构建我国 5G 供应链的生态安全体系。

3.5.2　社会层面

万物互联和数字世界即将到来：以 5G 技术应用为代表的，包括云计算、大数据、物联网、虚拟现实、人工智能、自动驾驶、智慧城市等应用得到普及，人类进入万物互联的数字世界。网络安全产业可能呈现以下几点根本性变化：

1）网络安全由配套地位上升到主角地位。当数据指令不仅可以发送邮件，还能够开关家电、发动汽车、启停工厂甚至命令电厂停电、卫星转向时，其蕴藏的巨大风险可想而知。网络安全将会成为国家、社会、企业、个人的基础需求。

2）从"大而全"走向"专而精"。未来，除了防火墙、杀毒、上网行为管理、应用交付、数据安全等通用的产品和服务外，云计算、大数据、物联网、虚拟现实、人工智能、自动驾驶、智慧城市等应用场景也会使网络安全的需求越来越多样化。网络安全的行业化、场景化、碎片化背景下，有望涌现出众多个性化需求和细分的网络安全产品，一批网络安全领域的"小而美"的企业将应运而生。

3）从合规驱动走向攻防驱动、创新驱动和能力驱动。网络安全是高度竞争的行业。因此：一方面要重新建立网络安全的行业标准，从合规驱动转向创新驱动、攻防驱动、能力驱动；另一方面，在产业政策方面要重视合规和采购目录，应该给创新的公司、创新的产品以更多的政策支持。

4）告别"单打独斗"，实现合作。大安全时代网络战、漏洞战无时无刻不在发生，关键基础设施等面临严重威胁，这意味着传统的防御无法解决网络安全问题，需要各方携手合作，共同打造一个构建国家级网络攻防体系。

进入大安全时代，网络安全行业、产业面临新挑战。创新最大的特点就是多样性；网络安全产业要发展，就必须要有生态的多样性。

而提高国家网络安全防御能力，形成网络安全保障工作合力，需要设备厂商充分发挥组织优势、技术优势，形成网络安全威胁预警和事件应急处置的工作合力。在国际上，网络安全威胁是全球性挑战，维护网络安全是国际社会的共同责任，跨境网络安全事件联动处置，全世界共同应对网络安全威胁与挑战。

3.5.3　企业层面

5G 应该能够提供一个面向未来的技术平台，允许现有商业模式的演变。5G 不仅有望为人们和社会提供新的服务，还将为垂直行业提供服务。在涉及云基础架构提供商和垂直服务提供商等新参与者的 5G 生态系统中，可以利用网络运营商和垂直服务提供商之间的合作伙伴关系，引入新的服务交付和业务模式。例如，云计算和 NFV 技术将推动服务模型的建立和演变，以降低成本并更快速地部署服务。此外，网络运营商可以通过 API 向顶级服务提供商或垂直服务提供商公开网络功能，以获得额外的收入来源。具体说来，运营商可以向第三方服务提供商公开网络功能，以便使用位置感知、内容适应和缓存优化交付。新接口的曝光意味着对第三方应用程序有新的安全攻击面。

5G 将是一个多角色系统，多方合作提供各种服务。5G 的新生态系统对用户、移动网络运营商和服务提供商之间的现有信任模型影响很大。在多个参与者之间建立和管理新的信任模型至关重要，而且具有挑战性。在现有的 4G 系统中，信任模型相当直接，它通过相互认证建立移动网络用户与网络的信任关系，但不包括移动网络用户和应用程序之间的信任关系。但是在 5G 中，信任模型具有附加参与者，例如垂直服务提供商，网络运营商和垂直服务提供商之间密切合作，需要新的信任模式。5G 网络运营商可与服务提供商合作，执行更安全、更高效的身份管理，因此 5G 的新信任模式将产生更多的安全要求，如不同参与者之间的身份验证、问责制和不可否认性。

3.5.4　个人层面

5G 的定位是满足现在及未来的各种需求。5G 是一个端到端的生态系统，可实现完全移动和互联。因此，5G 需要提供更广泛的性能改进范围，例如更高的吞吐量、更低的延迟、超高的可靠性、更大的连接密度和更大的移动范围，同时确保安全性、信任度和私密性。而且，公众的隐私保护意识大大增强，这引起了更多关于用户隐私问题的担忧。

　　未来，伴随着 5G 技术超高速率、超大连接、超低时延特性的进一步发挥与展现，以及 5G 对生产、生活、社会治理等领域的进一步赋能和渗透，全社会收集和掌握的数据，在种类、数量、颗粒度、实时性等维度方面将会得到大幅改善，并不可避免地会涉及更多个人信息，甚至个人敏感信息。如何在 5G 时代合理、合法、合规运用数据，如何在为各行各业高效赋能的同时保护好个人信息安全，都已成为亟待解答的问题。

　　在 5G 时代，要想安全得到保障，普通人需要做好以下三件事：

　　1）制定个人的信息安全策略。5G 时代的到来将全面促进个人信息安全策略的制定，从简单的密钥管理逐渐过渡到全面的个人信息管理。未来个人信息管理将采用授权机制，这是保障个人信息安全的重要策略之一。

　　2）注重物联网信息安全。在 5G 时代，物联网将可能成为采集个人信息的重要渠道之一，因为物联网可以采集的数据量更大，而且数据的维度更多，所以一定要重视物联网信息的安全性。目前从技术手段上来看，边缘计算是一个比较可行的办法，让数据有边界是边缘计算的重要特征。

　　3）重视线下数据采集。很多个人信息都是从线下的数据采集中泄露的，所以在 5G 时代依然要重视线下个人信息的保护。

第 4 章

5G 背景下的安全策略

4.1 5G 催生的行业新形态

10 年前，当 LTE 服务开始推出时，消费者迎来了一个多媒体移动浏览的新时代，这代表着 4G 标准的发展和无线通信的技术革命。5G 技术有望使 21 世纪 20 年代成为一个前所未有的互联互通和技术进步的时代。5G 移动通信具有高速率、大连接、低时延等新特性，这些新特性将推动移动互联网数据流量爆发式增长，以及涌现出大量新业务场景和新应用。根据国际电信联盟（ITU）对 5G 应用场景的划分，5G 移动互联网至少包含三大类新应用场景：增强型移动宽带（eMBB）、大规模机器类通信（mMTC）、超可靠低时延通信（URRLC）。

eMBB 是对现有 4G 网络的自然演进，它将提供比当前的移动宽带服务更高的数据速率，以及越来越无缝的用户体验。最终，它将支持 360° 全方位的视频流，真正身临其境的 VR 和 AR 应用程序以及更多其他功能。

mMTC 为大量设备和非实时场景提供了可扩展的连接性，并且对小数据包、零星传输和以上行链路为中心的活动进行优化。典型的用例是物流管理、智能农业、远程监测、旅游管理、智慧家庭、智慧社区、共享设备、穿戴设备等多种大连接应用。

URRLC 是蜂窝通信的特殊用例，适用于低延迟和超高可靠性应用场景。它包括关键任务应用，例如工业自动化、自动驾驶汽车、智能电网、智能运输/货运，甚至 VR/AR 或远程医疗或工业程序等。

5G 技术演进方式与前几代移动通信技术截然不同。2G、3G、4G 时代是技术领先应用，即先有移动通信技术不断发展，待技术成熟之后再推广到不同应用中，其应用主要侧重于"改变生活"。5G 却恰恰相反，是应用牵引技术，即：先要确定应用的需求和场景（包括"生活"和"社会"两方面内容），然后去探索和发现相对应的具体技术。5G 网络面向办公、购物、医疗、教育、娱乐、交通、社交等多种垂直行业，在人与人高速连接的基础上，大幅增加了"人与物""物与物"之间的高速连接。作为信息化社会的一项综合基础设施，5G 网络将为个人、社会和行业提供高效连接，它不仅是海量连接，而且是多种垂直行业的价值环节和生产要素等资源的高度融合，使得人们的生活方式围绕各种新型应用进行重构，催生行业新形态，满足人们在居住、工作、休闲和交通等各种区域的多样化需求。

随着 5G 的不断发展，各个行业新形态逐渐形成。"万物互联"以及"高带宽"等新特点会使各个行业产生海量数据，这也将极大地促进大数据技术的发展。一方面，通过大数据分析技术获得价值，能够刺激物联网和 5G 的应用需求。另一方面，大数据是依赖于云计算的，例如云计算中海量数据存储技术、海量数据管理技术等，也就是说，大数据的处理需求也刺激了云计算相关技术的发展和落地。云计算提供商经常利用"软件即服务"（SaaS）来使用户轻松处理数据。通常，用户可以使用能够接收专门命令和参数的控制台，也可以从站点的用户界面完成所有操作。SaaS 通常包含数据库管理系统、基于云的虚拟机和容器、身份管理系统、机器学习系统等。大数据通常由大型的基于网络的系统生成。它可以是标准格式的，也可以是非标准格式的。如果数据采用非标准格式，则除了使用机器学习外，还可以使用来自云计算提供商的人工智能来标准化数据。总而言之，5G 和物联网的发展带动大数据和云计算技术的发展，使得大数据和云计算走进千家万户，满足人们超高流量密度、超高连接密度、超高移动性的需求。

物联网是一个通用术语，意味着我们家庭和专业生活中的所有设备和车辆以及其他物体都通过互联网连接。对于关键任务用户而言，它既带来了巨大的机遇，也带来了惊人的风险。

机遇是将有更多的数据和信息可用于公共安全组织，以帮助重要的决策。例如来自事故现场的传感器数据、图片、视频和其他数据，还有许多历史数据可供分析以帮助预防犯罪。物联网的风险与安全性和隐私性有关，例如安全地保护来自居民的住宅、活动和行为的所有信息，并以适当的方式使用它们。物联网和行业联系紧密，5G 的出现催生行业新形态，形成多样化应用场景，而这些应用场景的多样性和脆弱性导致物联网面临的安全威胁更加严重。万物互联的各个行业可视为一个网络，一个意想不到的安全漏洞可能导致整个网络的崩塌，因为大多数物联网设备（尤其是低成本和低功耗设备）的安全性可能会有不足，所以黑客扫描成千上万设备的安全漏洞，而造成严重的安全威胁。

在 5G 和物联网发展的同时，与之紧密相关的云计算和大数据技术也在不断发展，但是发展带来的数据的爆炸性增长，使得数据驱动的服务和相关技术（云计算和大数据技术）需要通过多层安全实践来保证安全。

首先，随着 5G 网络技术的发展，连接的设备数量将超过 500 亿，因此数据量也会成倍增长。每个工业部门都快速地应用 5G，这促进了大量数据交换。许多基于云的数据服务需要重新设计，以符合 5G 网络标准。

其次，物联网技术的普及使 5G 网络的数据管理变得更加复杂。行业必须建立虚拟和内部的数据基础设施，以维持一个可靠的混合环境，获得敏捷的吞吐能力。对于分布式数据来说，统一的数据体系结构是必不可少的，该数据体系结构涉及数据的速度、集成和分析。此外，要有效利用 5G 网络的低时延（1ms）和高连接密度（100 万/km^2），企业必须更新它们的基础设施，以处理低时延和大连接密度带来的高数据传输速度和数据量。此外，为了交换、存储和分析密集的数据交换而不损害其复杂的特性，大量本地连接的微型服务器和 MIMO 天线是必不可少的。

总之，现有的面向网络的安全实践不适用于庞大的 5G 网络集群，具有先进架构的新网络模型需要更复杂的安全措施。为了保护在物联网设备之间以毫秒为单位交换的数据负载，建议使用端到端保护措施，同时重视物联网、大数据和云计算的安全问题。

4.2　大数据安全

4.2.1　5G 催生大数据

物联网是 5G 移动网络的核心业务驱动力，它将包含众多创新的物联网应用，例如智能城市、移动健康等。5G 标准中定义的其他大规模物联网用例大数据蕴含很高的价值。5G 和物联网的到来意味着将会产生更多的设备和设备、设备和人、设备和系统的连接。物联网将得到普及，人、程序、数据和设备都将通过网络互联，实现全面的万物互联。万物互联的结果即全球数据量不断增加。除了物联网外，工业 4.0 也将大大受益于 5G 技术的发展。机器、系统、机器人和人之间的持续数据交换将成为工业生产中重要部分，即连接的设备和部件的数量将大大增加。例如，工业机器人以及无人驾驶的快递服务都可以展示如何利用 5G 来优化操作流程，而这种优化需要大量的连接和数据交换。

思科公司《年度互联网报告（2018—2023）白皮书》称：到 2023 年，连接到 IP 网络的设备数量将是全球人口的 3 倍多，人均网络设备将达到 3.6 个，而 2018 年人均网络设备为 2.4 个；M2M 连接将占全球连接的 1/2，M2M 连接的份额将从 2018 年的 33% 增长到 2023 年的 50%（2023 年将有 147 亿个 M2M 连接）；5G 物联网在各个方面都达到了新的维度，其中新网络的数据吞吐量应该达到 20Gbit/s，并允许更短的响应时间；实时传输数据也将成为可能，这意味着全世界将有 1000 亿台移动设备同时可用，换句话说，连接密度约为 100 万/km²。

如图 4-1 所示，在全球范围内，互联网用户总数预计将从 2018 年的 39 亿增长到 2023 年的 53 亿，复合年增长率约为 6%。就人口而言，约占 2018 年全球人口的 51%，到 2023 年约占全球人口的 66%。

如图 4-2 所示，在全球范围内，设备和连接的增长速度（复合年增长率约为 10%）比人口增长速度（复合年增长率约为 1.0%）和互联网用户增长速度（复合年增长率约为 6%）都快。这种趋势表明每个家庭和人均的设备与连接的平均数量不断增加。每年，市场上都会推出各种具有不同形状因数的新设备，它

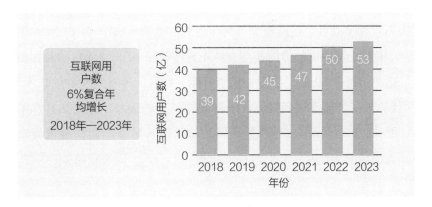

图 4 - 1　全球互联网用户增长趋势图

们具有增强的功能和智能。越来越多的 M2M 应用程序，例如智能电表、视频监控、医疗保健监控、运输监控、包装或资产跟踪，正在为设备和连接的增长做出重要贡献。到 2023 年，M2M 连接将约占设备和连接总数的 50%；其中，M2M 连接将是增长最快的设备和连接类别，在预测期内增长近 2.4 倍（复合年增长率约为 19%），到 2023 年将达到约 147 亿个连接。

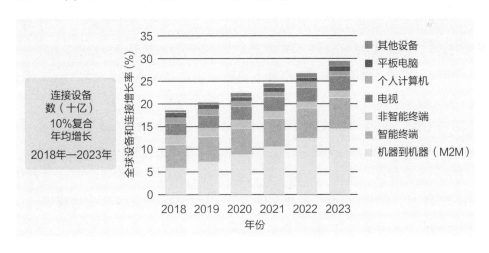

图 4 - 2　全球设备和连接增长趋势图

网络连接领域的数字化转型已经变得显而易见，其潜力也已得到明确界定。5G 物联网时代下的大连接特征将会催生出大量的全球数据流量，导致数据流量爆炸性增长。曾有许多学者预测 2020 年及以后的数据将呈指数增长。然而他们都普遍认为，数字世界的规模至少每两年将翻一番，从 2010 年到 2025 年将增长180 倍。人工和机器生成数据的速度总体上比传统快 10 倍，而机器数据的增长速度甚至可达到传统的 50 倍。数据是人工智能、物联网等迅速发展的技术的核心。在 5G 时代，人工智能及物联网等技术将变得越来越强大，并且在日常生活中得到普及。例如，5G 可以释放智慧城市的力量，嵌入城市的物联网设备将拾取语音、面部表情和手势，并将它们转换成虚拟"按钮"，以实现诸如叫车共享之类的事情。

数据的获取和分析以及随后的转换为可操作的信息是一个复杂的工作流，它在无缝的混合环境中扩展到了数据中心之外，如边缘和云端。边缘设备的利用，原位计算和分析，集中式存储和分析以及深度学习方法论都可以大规模地加速数据处理，这需要一种新的技术方法。从历史上看，数据处理和分析系统具有专门用于业务分析和高性能计算（HPC）工作负载的功能。然而，随着大数据和行业标准基于 x86 计算的出现，我们看到了大计算、大数据和物联网用于分析的融合。

2005 年，一个叫 Hadoop 的技术诞生了。Hadoop 是大数据领域的一项非常重要的技术。它利用 MapReduce 编程模型为大数据的分布式存储和处理提供了一个软件框架。世界上很多国家和一些研究机构都在 Hadoop 的框架上进行了一些试点项目，并取得了一系列成果。2011 年，EMC 公司举办了"云与大数据"全球峰会。同年 5 月，麦肯锡发布了相关研究报告。它们预计，在未来 10 年内，所谓的数字宇宙将包含 35 ZB 的信息。EMC 推出了所谓的"EMC 大数据堆栈"，定义了其对如何存储、管理大数据，以及如何对下游的大数据采取行动的看法。2011 年 11 月，我国工业和信息化部发布了《物联网"十二五"发展规划》。我国未来将加大对智能工业、智能农业、智能物流、智能交通、智能电网、智能环保、智能安防、智能医疗、智能家居等方面的资金支持。这些都是大数据的初步应用领域。2012—2015 年，世界上许多国家政府和企业发布了一系列促进大数据发展的相关意见或行动纲要。此后，大数据进入了高速发展阶段。2016 年我国发布《大数据产业发展规划（2016—2020 年）》，这意味着大数据在全球范围内得到广泛应用和高速发展。

2020 年，随着 5G 互联网开始商用，新的行业市场发生革新，全球的数据流量规模进一步扩大，而数据流量的爆发性增长需要利用大数据技术进行分析才能真正得到一些有价值的结果。5G 技术是无线网络的一项突破，有望成为商业网络通信的下一个重大进步。5G 将为企业带来巨大的收益和可能性，但它也将要求在各个级别进行基础架构的重大更改。较高的速度和较低的延迟，使得 5G 能够从各种数据源收集数据。同时，由于预计到 2025 年物联网的激增将产生 90 ZB的数据，因此 5G 有望提供更快、更可靠的实时数据。值得注意的是，5G 和大数据管理策略将为数据收集和分析提供新的可能性，这种可能性可以在不同的业务、部门和政府生态系统中被感受到。大数据分析可以充分利用 5G 网络的优势，例如高带宽、低延迟和移动边缘计算。在 5G 的背景下，大数据分析将扮演双重角色：一方面，大数据分析将继续支持 5G 网络上的不同业务应用/用例，另一方面，大数据分析将在 5G 和网络运营的推广中扮演关键角色。

4.2.2　大数据蕴含的价值

大数据 1.0 阶段，源自和严重依赖于关系数据库管理系统（RDBMS）数据存储、提取和优化技术。数据库管理和数据仓库被视为大数据 1.0 阶段的核心组件。该阶段诸如数据库查询、在线分析处理和标准报告工具之类的众所周知的技术，为我们今天所知的现代数据分析奠定了基础。

自 2000 年以来，大数据发展并进入 2.0 阶段，互联网和 Web 开始提供独特的数据收集和数据分析机会。随着网络流量的增大和在线商店的扩展，雅虎、亚马逊和 eBay 等公司开始通过分析点击率、特定于 IP 的位置数据和搜索日志来分析客户行为，这种操作开辟了一个全新的世界。从数据分析和大数据的角度来看，基于 HTTP 的 Web 流量导致半结构化和非结构化数据的大量增加。组织需要找到新的方法和存储解决方案来处理这些标准的结构化数据类型外的数据类型，以便对其进行有效分析。社交媒体数据的出现和增长对工具、技术提出了大量需求，这些工具、技术能够从非结构化数据中提取有意义的信息。

随着 5G 和物联网时代的到来，大数据开始向 3.0 阶段发展。尽管基于 Web 的非结构化内容仍然是许多组织进行数据分析的重点，但是从移动设备的数据中检索有价值的信息是当前新趋势。移动设备的数据不仅存储和分析行为的数据（例如点击和查询数据），而且还可以存储和分析关于位置的数据（GPS 数据）。这些移动设备的进步，有助于跟踪运动、分析身体行为甚至健康相关数据，提供了运输、城市设计和医疗保健等领域的全新机会。同时，基于传感器和互联网的设备的兴起正以前所未有的速度促进数据生成。成千上万的电视、恒温器、可穿戴设备甚至是冰箱，都可以接入物联网，如今每天都在生成 ZB 级的数据。从这些物联网数据源中提取有意义和有价值的信息的竞赛才刚刚开始。

在当今的商业和技术世界中，数据是必不可少的，企业和个人每天都会产生大量数据。大数据技术正在进一步发展，通过大数据分析辅助战略决策制定，正成为信息技术领域的一场革命。大数据具有高多样性、大容量和高速度的特性。数据来自各种在线网络、网页、音频和视频设备、社交媒体、日志以及 5G 应用场景等。利用诸如机器学习、数据挖掘、自然语言处理和统计之类的分析技术，对大数据进行分析处理，以提高业务生产力和利润，使业务组织能够有效地访问数据，从中获得更大的价值。当下比较流行的存储和分析大数据工具包括 Apache Hadoop、Hive、Storm、Cassandra、Mongo DB 等。Hadoop 等大数据分析工具的使用有助于降低存储成本，进一步提高业务效率，加快决策速度。

4.2.3　大数据的安全风险

作为新一代通信制式，5G 的主要目的是连接个人、设备和机器。5G 为物联网发展的下一个阶段铺平了道路，对智慧城市、智慧医学、智慧工业等行业都产生重大影响。在这样的发展背景下，大多数人每天都会通过使用物联网设备而生成大量数据。速度和延迟要求，使得将物联网设备中的计算密集型和时延敏感型的任务放置到云端或边缘端时，物联网设备更便宜。这意味着物联网设备以前所未有的程度被授权进行大数据接入。

在 5G 和大数据给我们带来更多的便利的同时，全天候收集数据的智能设备也会给我们的生活带来明显的弊端，即隐私风险。如智慧城市中的公共交通和街道上到处都是传感器、GPS 设备和闭路电视摄像机，最终智慧城市将使"看不见"的地方越来越少。当下的数据收集和数据泄露已然成为一个忧患，无论是个人的智能设备还是更广泛的物联网设备，都将会更快、更大规模地收集数据。5G 物联网时代的"万物互联"以及大连接的特性，只会扩大大数据安全事件范围，因此风险比以往任何时候都要高。

用于存储和处理信息的基础技术的限制，使得大数据保护更加艰巨。一些大数据公司严重依赖分布式计算，而分布式计算通常涉及分布在全球各地的数据中心。如亚马逊将其全球运营划分为 12 个区域，每个区域都包含多个数据中心，并且可能受到针对内部数以万计的单个服务器的物理攻击和持续的网络攻击。控制对信息或物理空间的访问的最佳策略之一是使用单一访问点，这比使用数百个访问点更容易获得安全。大数据存储与这一策略的原则相违背，其规模、分布和获取范围的特点使得它的脆弱性要高得多。此外，许多复杂的软件组件包括企业的大数据基础设施，对安全问题不够重视，这就为潜在的攻击提供了潜在途径。

例如，Hadoop 是一个软件组件的集合，它允许程序员在分布式计算基础设施中处理大量数据。最初的 Hadoop，具有非常基本的安全特性，适合只有少数用户使用的系统。许多大公司已经采用 Hadoop 作为它们的企业数据平台，尽管事实上 Hadoop 的访问控制机制并不是为大规模采用而设计的。大多数大数据架构将数据处理任务分布在许多系统中，以加快分析速度。网络犯罪分子可能会迫使 Hadoop 中的 MapReduce 映射器显示不正确的值列表或键对列表，从而使 MapReduce 流程毫无价值。分布式处理虽然可以减少系统上的工作量，但是涉及的系统越多，安全问题越多。

除此之外，端点漏洞也将会是大数据可能面临的安全威胁之一。网络犯罪分子可以操纵端点设备上的数据，并将虚假数据传输到数据库。黑客可以利用数据挖掘工具对端点设备产生的大量数据进行漏洞挖掘，从而形成安全威胁。因此，分析来自端点的日志的安全解决方案需要验证端点的真实性。数据挖掘是许多大数据环境的核心，数据挖掘工具在非结构化数据中查找模式，而在大数据背景下这些大数据通常包含个人和财务信息。

4.2.4 大数据的安全保障

大数据安全性是一个统称，包括适用于数据分析和数据流程的所有安全性措施和工具。对大数据系统的攻击（信息盗窃、DDoS 攻击、勒索软件或其他恶意活动）可能来自离线或在线领域，并且可能使软件系统崩溃。5G 和大数据等技术将会越来越深地进入我们的生活，同时也给我们带来更大的安全隐患。幸运的是，只要有足够的信息，智能大数据分析工具就可以制定新的安全策略。例如，安全智能工具可以基于不同系统之间安全信息的相关性得出结论，这种重塑安全性的能力在网络攻击不断发展的时代对于网络的健康至关重要。除此之外，很多数据存储、加密、治理、监视和安全技术都可以用来保障大数据的安全。

图 4-3 大数据安全

根据云安全联盟（CSA）的《大数据安全和隐私手册：大数据安全和隐私的100 个最佳实践》，可以将主要的大数据安全保障技术分为以下几点：

1）保护分布式编程框架。Hadoop 之类的分布式编程框架在现代大数据分布中占很大比例，但是存在严重的数据泄漏风险，还带有所谓的"不受信任的映射器"或来自多个源的数据，这些数据可能产生错误的汇总结果。CSA 建议组织：首先使用 Kerberos 身份验证之类的方法建立信任，同时确保符合预定义的安全策略；其次，通过从数据中分离所有个人身份信息（PII）来"消除身份"数据，以确保不损害个人隐私，即先使用预定义的安全策略授权对文件的访问，再通过使用强制性访问控制（MAC）（例如 Apache HBase 中的 Sentry 工具）来确保不受信任的代码不会通过系统资源泄露信息；最后，通过定期维护来防止数据泄露，检查云或虚拟环境中的工作节点和映射器，并留意虚假节点和更改过的数据重复项。

2）保护非关系数据库（例如 NoSQL）。NoSQL 数据库很常见，但容易受到 NoSQL 注入等攻击。CSA 列出了一系列针对此问题的对策。首先，对密码进行加密或哈希处理，并使用高级加密标准（AES）以及 RSA、安全哈希算法 2（SHA-256）等算法对静态数据进行加密，以确保端到端加密。传输层安全协议（TLS）和安全套接层（SSL）协议加密也很有用。其次，除了上述核心措施外，在数据标记和对象级安全性相关层，还可以使用可插入身份验证模块（PAM）保护非关系数据。PAM 是一种用于验证用户身份的灵活的方法，它还使用 NIST 日志等工具记录事务。最后，模糊测试方法通过在协议、数据节点和分布的应用程序上使用自动数据输入来检测 NoSQL 和 HTTP 之间的跨站点脚本和注入漏洞。

3）安全的数据存储和事务日志。存储管理是大数据安全方程式的关键部分。CSA 建议使用签名的消息摘要为每个数字文件或文档提供一个数字标识符，并使用一种称为安全不可信数据存储库（SUNDR）的技术来检测恶意服务器代理对未授权文件的修改。CSA 还建议了许多其他技术，例如延迟撤销和密钥轮换，基于广播和基于策略的加密方案以及数字版权管理（DRM）等。但是，除了在现有基础架构之上构建安全云存储外，别无选择。

4）端点筛选和验证。端点安全是至关重要的，可以通过使用受信任的证书进行资源测试以及使用移动设备管理（MDM）解决方案仅将受信任的设备连接到网络（在防病毒和恶意软件防护之上）。同时，还可以使用统计相似性检测技术和异常检测技术来过滤恶意输入，同时防范 Sybil（即一个伪装成多个身份的实体）攻击和身份欺骗攻击。

5）实时合规性和安全性监视。合规性始终是处理大量数据时让人头疼的问题。CSA 建议通过使用诸如 Kerberos、安全外壳（SSH）和互联网络层安全协议（IPsec）之类的工具来应用大数据分析，以处理实时数据。

6）保护数据隐私。在不断增长的数据集中维护数据隐私确实非常困难。

CSA 表示，关键是通过实施诸如差异隐私（最大化查询准确性，同时最小化记录识别）和同态加密等技术，实现"可扩展和可组合"，在云中存储和处理加密信息。除此之外，CSA 建议结合当前隐私法规，确保通过使用授权机制来维护软件基础结构。最后，最佳实践鼓励实施所谓的"隐私保护数据组合"，该组合通过检查和监视将数据库链接在一起的基础结构来防止从多个数据库泄露数据。

7）大数据密码学。数学密码学并没有过时，实际上，它已经变得更加先进。通过构建用于搜索和过滤加密数据的协议（例如可搜索对称加密协议），来对加密数据运行布尔查询。关系加密可以比较加密的数据，而无须通过匹配标识符和属性值来共享加密密钥。基于身份的加密（IBE）通过允许为给定的身份对明文进行加密，使公钥系统中的密钥管理变得更加容易。基于属性的加密（ABE）可以将访问控制集成到加密方案中。融合加密则使用加密密钥来帮助云提供商识别重复数据。

4.3 云安全

4.3.1 什么是"云"

云计算是通过互联网按需访问由云服务提供者（CSP）管理的远程数据中心，其中托管的计算资源包括应用程序、服务器（物理服务器和虚拟服务器）、数据存储、开发工具、网络功能等。云服务提供者对这些资源按月收取订阅费，或根据使用情况对其计费。

1. 云计算的优点

云计算有助于执行以下操作：

1）降低 IT 成本。云可以分担购买、安装、配置和管理 IT 基础设施的部分或大部分成本。

2）提高敏捷性。借助云可以在几分钟内开始使用企业应用程序，而无须等待数周或数月的时间，让 IT 部门响应请求、购买和配置软硬件。云还能够赋予某些用户（特别是开发人员和数据专家）以使用软件和支持基础架构的能力。

3）更轻松、更经济、更高效地进行扩展。云提供了弹性，可以根据流量的高峰和低谷来调整容量。云提供商的全球网络，还能够将应用程序扩展到世界各地的用户。

云计算还包括某种形式的虚拟化 IT 基础架构，包括服务器、操作系统、网络和使用特殊软件抽象化的其他基础架构，因此可以将其合并和划分，而与物理硬件边界无关。例如，单个硬件服务器可以分为多个虚拟服务器。虚拟化使云服务提供者可以最大限度地利用其数据中心资源。与传统的 IT 基础架构相比，采用了云交付模型的基础架构，可以最大化利用率和节省成本，并为最终用户提供相同的自助服务和敏捷性。

2. 云部署的分类

最常见的云部署可以分为私有云、公共云、混合云、多云。

1）私有云是完全专用于一个组织的服务器、数据中心或分布式网络。私有云将云计算的许多优点（包括弹性、可伸缩性和服务交付的敏捷性）与本地基础设施的访问控制、安全性和资源自定义结合在一起。私有云通常托管在客户数据中心本地，也可以托管在独立云提供商的基础设施上，也可以建立在非现场数据中心内租用的基础设施上。许多公司选择私有云而不是公共云，是因为私有云是满足其法规遵从性要求的更简便方法（或唯一方法），或是因为它们的工作涉及机密文档、知识产权、个人身份信息（PII）、医疗记录、财务数据或其他敏感数据。

2）公共云是由外部供应商提供的服务，可能包括一个或多个数据中心中的服务器。与私有云不同，公共云由多个组织共享。使用虚拟机，各个服务器可能被不同的组织共享，这种情况称为"多租户"，因为多个租户正在同一服务器内租用服务器空间。云服务提供商使计算资源可被用户使用，这些计算资源包括 SaaS 应用程序、单个虚拟机、裸机计算硬件、完整的企业级基础架构和开发平台。通过公共互联网，这些计算资源可能是供免费访问的，或者其访问权可以根据基于订阅或按使用量付费的定价模型出售。公共云提供商对运行其客户工作负载的数据中心、硬件和其他基础设施拥有所有权、进行管理并承担全部责任，并且通常提供高带宽网络连接以确保高性能和对应用程序及数据的快速访问。在领先的公共云，如 Amazon Web Services（AWS，见图4-4）、Google 云（见图4-5）、IBM 云、Microsoft Azure 和 Oracle 云中，其客户的数量可能达到数百万。

图4-4　亚马逊云计算平台图标　　　图4-5　Google 云图标

3）混合云是公共云和私有云环境的结合。具体地说，在理想情况下，混合云将组织的私有云服务和公共云服务连接到单个灵活的基础架构中，以运行组织的应用程序和工作负载。混合云的目标是建立公共云和私有云资源的混合，并在它们之间进行一定程度的编排，这使组织可以灵活地为每个应用程序或工作负载选择最佳的云，并根据情况变化在两个云之间自由平衡工作负载。与仅使用公共云或私有云相比，这可使组织更有效、更经济地实现其技术和业务目标。

4）多云是一种云部署，涉及多个公共云。换句话说，拥有多云的组织从多个外部供应商那里租用虚拟服务器和服务。

云使用户几乎可以从任何设备访问相同的文件和应用程序，因为计算和存储是在数据中心的服务器上进行的，而不是在用户设备上进行的。云服务提供商与 Gmail 或 Microsoft Office 365 等云电子邮件提供商以及 Dropbox 或 Google Drive 等云存储提供商的工作方式相同。企业利用云计算可节约一些 IT 成本，无法负担内部基础设施的企业可以通过云以负担得起的价格将其需求外包出去。云还可以使企业更轻松地进行国际运营，因为员工和客户可以从任何位置访问相同的文件和应用程序。

虚拟化技术使云计算成为可能。虚拟化允许创建模拟的或数字的"虚拟"计算机，其行为就像是一台具有自己硬件的物理计算机一样，即虚拟机。正确实施虚拟化技术后，同一主机上的虚拟机将相互沙盒化，没有交互，并且一个虚拟机上的文件和应用程序对同一台物理计算机上的其他虚拟机也不可见。虚拟机还可以更有效地利用硬件设备。通过一次运行多个虚拟机，一台服务器将成为许多服务器，而数据中心将成为整个数据中心的主机，能够为许多组织提供服务。

3. 云计算常见的服务模式

云计算存在三种最常见的服务模式，即 SaaS（Software as a Server，软件即服务）、PaaS（Platform as a Server，平台即服务）和 IaaS（Infrastructure as a Server，基础设施即服务）。

1）SaaS（也称为基于云的软件或云应用程序）是托管在云中的应用程序，可以通过 Web 浏览器、专用桌面客户端或与桌面或移动操作系统集成的 API 来访问和使用。在大多数情况下，SaaS 用户支付月度或年度订阅费，或根据实际使用情况按 "随用随付" 定价支付。SaaS 是当今大多数商业软件的主要交付模型，SaaS 为行业和部门应用程序、企业软件数据库、人工智能软件提供解决方案。

2）PaaS 为软件开发人员提供了按需平台，主要包括硬件、完整的软件堆栈和基础结构，甚至是开发工具。PaaS 平台可用于运行、开发和管理应用程序，而避免了在本地维护该平台的成本、复杂性和灵活性。借助 PaaS，云服务提供商可以在其数据中心托管一切，例如服务器、网络、存储设备、操作系统、中间件和数据库等。开发人员只需从菜单中进行选择，即可 "融合" 构建、测试、部署、运行、维护、更新和扩展应用程序所需的服务器和环境。

3）IaaS 按需付费，可以通过互联网按需访问基本计算资源，如物理和虚拟服务器、网络和存储资源等。IaaS 使最终用户可以根据需要扩展和缩减资源，从而减少了对高额、前期的资本支出，不必要的内部部署，"自有" 基础设施的需求，并通过超额购买资源来适应周期性使用高峰。与 SaaS 和 PaaS（甚至是更新的 PaaS 计算模型，例如容器和无服务器）不同，IaaS 为用户提供了对云中计算资源的最低级别的控制。

跨云模型的通用控制平面图如图 4-6 所示。

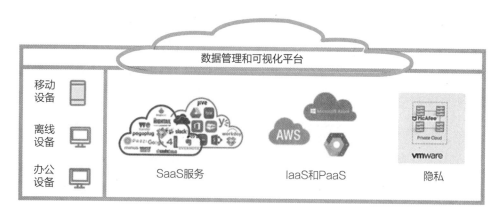

移动设备

离线设备

办公设备

SaaS服务　　　　IaaS和PaaS　　　　隐私

图4-6　跨云模型的通用控制平面图

4.3.2　"云"潜在的安全风险

随着5G时代的到来，各类新型应用产生了大量的数据，同时5G也带来更快的数据传输速度和更大的数据吞吐量。在这样的背景之下，利用云进行计算和存储已然成为趋势。云计算是通过互联网交付的托管服务，包括软件、硬件和存储。快速部署、高灵活性、低前期成本和高可伸缩性的优点使云计算实际上在各种规模的组织中普遍适用，可作为混合云/多云基础架构的一部分。但是，随之而来的更严重的问题就是云计算带来的安全问题，5G时代的云计算安全威胁在不断发展，并且变得越来越复杂，因此必须引起重视。

当今云计算面临的一些高级云原生安全挑战和多层风险包括：

1）增加攻击面。对于那些利用安全性差的云入口的端口来访问和破坏云中的工作负载和数据的黑客来说，公共云环境已成为一个巨大且极具吸引力的攻击面。恶意软件、账户接管和许多其他恶意威胁已成为日常现实。

2）缺乏可见性和控制力。在IaaS模型中，云提供商可以完全控制基础结构层，并且不会将其提供给客户。在PaaS和SaaS云模型中，缺乏可见性和控制力的情况进一步扩大了。用户通常无法有效地识别和量化其云资产或可视化其云环境。

3）不断变化的工作量。5G的发展导致动态、大规模、快速地配置和停用云资产。传统的安全工具根本无法在其不断变化的临时工作负载中、在如此灵活和动态的环境中实施保护策略。

4）细化权限和密钥管理。通常，云用户角色的配置非常宽松，从而使云用户被授予了超出预期或要求的广泛特权。一个常见的示例是向未经培训的用户或没有需要删除或添加数据库资产业务的用户授予数据库删除或写入权限。在应用程序级别，配置不正确的密钥和特权会使会话面临安全风险。

5）复杂环境。如今，在企业青睐的混合云和多云环境中以一致的方式管理安全性，要求方法和工具可以在公共云提供商、私有云提供商和本地部署之间无缝工作，包括为地理位置分散的组织提供分支机构边缘保护。

6）云合规与治理。所有领先的云提供商都已使自己与大多数著名的认证计划保持一致，例如 PCI 3.2、NIST 800 - 53、HIPAA 和 GDPR。但是，用户有责任确保其工作负载和数据流程符合要求。鉴于可见性不佳以及云环境的动态变化，除非使用工具来实现连续的合规性检查并发出有关配置错误的实时警报，否则合规性审核流程几乎不可能完成任务。

除此之外，5G 是大数据和云计算共同发展的结果，大量的数据需要通过云计算架构进行存储和计算，即公共云中的数据是由第三方存储并可以通过互联网访问的，因此维护云计算架构上的数据存储等同样存在一定的安全风险。

首先，在许多情况下，云服务是在企业网络外部和不受 IT 管理的设备中被访问的。这意味着，与传统的监视网络流量的方法相比，IT 团队需要能够查看云服务本身以对数据具有完全可见性，这将导致数据隐私泄露的风险。

其次，用户可以通过互联网访问云应用程序和数据，从而使基于传统数据中心网络边界的访问控制不再有效。用户访问可以从任何位置或设备访问云，以及自带设备技术等都将带来一定的安全接入的风险。

再次，5G 时代是万物互联的时代，万物互联将会产生大量需要接入网络和云计算架构的移动用户。若这些移动用户都需要接入云数据中心，就可能存在被未授权用户接入的风险。

从次，云计算本机的违规。云计算中的数据违规不同于本地设备的违规，因为数据盗窃通常是使用云计算的本机功能而发生的。原生的云漏洞攻击是指对抗性参与者在不使用恶意软件的情况下利用云部署中的错误或漏洞来"发起"攻击，通过配置不当或受保护的界面来"扩展"其访问权限以定位有价值的数据，然后将这些数据"泄露"到自己的存储位置。

最后，云计算架构的配置错误。原生的云漏洞问题通常是云客户对安全性的责任，其中包括云服务的配置。研究表明，目前只有26%的企业可以审核其IaaS环境中的配置错误。IaaS的配置错误通常是原生的云漏洞的前门，使攻击者能够进入、继续扩展和泄露数据。研究还显示，云用户在IaaS中忽略了99%的错误配置。

大多数云提供商尝试为客户创建安全的云。它们的业务模式的关键在于防止违规行为以及维护公众和客户的信任。云提供商虽然可以尝试通过其提供的服务来避免云安全性问题，但是无法控制用户如何使用这些服务，以及他们向其中添加哪些数据等。用户可以在配置、敏感数据保护和访问策略设置等方面削弱云中的网络安全性。在每种公共云服务类型中，云提供商和云用户承担不同级别的安全责任。在SaaS中，用户负责保护其数据和访问的安全。在PaaS中，用户负责保护其数据、访问和应用程序的安全。在IaaS中，用户负责保护其数据、用户访问、应用程序、操作系统和虚拟网络流量的安全。

在所有类型的公共云服务中，用户负责保护其数据并控制谁可以访问该数据。云计算中的数据安全是成功采用和获得云优势的基础。考虑使用流行的SaaS产品（如Microsoft Office 365或Salesforce）的组织需要计划如何履行其职责，以保护云中的数据。那些正在考虑使用IaaS产品（如AWS或Microsoft Azure）的组织则需要一个更全面的计划，该计划从数据开始，并要涵盖云应用程序操作系统和虚拟网络流量、安全性。因此，云安全问题一直是用户采用云服务（尤其是公共云服务）的主要障碍，必须引起重视。

4.3.3 "云"环境下的安全保障

5G时代，云网融合使得云计算安全事件出现，应加速制定云计算安全战略和政策。例如，加强对云计算基础设施安全防护防火墙和入侵防御等安全冗余的设计、漏洞扫描与加固，设置入侵防御系统/入侵检测系统（IPS/IDS）、域名系统安全扩展（DNSSec）等。最新研究表明，每 4 个使用公共云服务的企业中就有 1 个经历过恶意行为者的数据盗窃。另外，有 20% 的公共云用户遭受了高级攻击。在同一项研究中，有 83% 的组织表示它们将敏感信息存储在云中。如今，全球 97% 的组织都在使用云服务。因此，为了响应 5G 时代下更多用户的需求，以及提供更具安全性的云服务，评估云的安全性并制定保护数据的策略至关重要。

云计算中的数据泄露可能是由外部攻击者、内部恶意人员或管理员操作不当造成的错误引起的。充分理解最关键的云安全性问题变得很重要。根据公认的云计算最佳实践，"云"环境下的安全保障方法可总结为以下几个方面。

1. 基础架构级别的云安全防护

为了控制、保护和强化整个云计算的硬件基础架构，首先需要进行配置审核。配置审核是指确保根据组织的策略或相关合规性标准配置云环境，实施定期审核以检查配置错误的迹象。不正确的配置可能会导致严重的数据丢失风险，可以通过定期审核网络组件（例如防火墙）以及权限等配置来避免这种情况。要确保定期执行配置检查，需自动化监视解决方案，并立即调查和修复云环境中的任何可疑更改。其次，应加强事件预防、检测和响应。

常见的云基础架构安全防护有：

1）防御外部攻击。对 IaaS 应用高级恶意软件防护，查看外围以了解针对面向公众的云接口的 DDoS 攻击的可能性。

2）安装入侵检测和防御系统。在 IaaS 环境中，在用户、网络和数据库层实施入侵检测；在 Paas 和 SaaS 环境中，入侵检测是云提供商的责任。

3）启用流量监控。异常大量的流量可能是安全事件的征兆。

2. 应用程序级别的云安全防护

在应用程序级别，操作安全至关重要，可以减少内部和外部安全风险，并确保员工设备和凭据的安全。

1）进行权限管理。坚持以最小特权原则为每个用户提供其所需的工作权限。进行定期的权限检查并撤销过多的权限。监视未经授权的更改，即监视用户端云应用程序是否存在组成员身份的更改，尤其是对任何授予管理员级特权的组的更改。此外，要注意是否存在直接分配的权限，而没有通过组成员身份分配。

2）通过加强认证进行安全防护。强制执行多因素身份验证（MFA），可以降低账户被劫持的风险。监视登录活动：如果发现登录失败的高峰，应调查所有涉及的用户账户，因为这些账户可能已被盗用，并对以下方面设置警报：

- 尝试从多个端点登录。
- 任何账户在短时间内多次失败登录。
- 在指定期间内大量登录失败。

3）利用用户行为分析（UBA）来检测异常行为，即活动监控。用户行为或访问模式的重大变化可能表明存在安全威胁，尤其在定期监视和记录用户活动（以制定基准）、标识行为偏离其基准或组基准的用户、监控未经授权或外部文件共享等方面。

3. 数据级别的云安全防护

1）识别和分类数据。为了保护云计算中的数据安全，首先需要实现数据的发现和分类。数据发现和分类，包括检查数据并根据数据价值和敏感性对其进行分类。自动化数据分类，可以确保结果准确、可靠。使用数据分类信息可以确定数据安全工作的优先级，并设置适当的安全控制和安全策略。计划将哪些数据存储在云中以及如何对其进行管理，可以确保正确保护存储在云中的任何敏感数据，某些数据被保留在场所中以满足安全标准或合规性要求。

2）实现数据访问标准。

- 建立数据访问管理：定期检查访问权限，尤其是对最敏感的数据的权限，并撤销所有多余的权限，并为存储的每种数据实施适当的访问控制。
- 设置数据共享方式的限制：这将有助于防止意外的公共数据共享或组织外的未经授权的共享。
- 监视和控制文件下载：特别注意过多的下载，并阻止下载到非托管设备，在下载之前，设置设备安全性验证的要求。在整个 IT 环境中自动进行活动监视，以识别正在云中下载、修改或共享数据的所有用户。

3）数据保护。

- 设置自动数据修复工作流程：设置可自动将易受攻击的数据移动到安全隔离区的解决方案。
- 设置安全的数据擦除方案：擦除不必要的重复数据或过期数据。美国国家标准与技术研究院（NIST）和国际标准化组织（ISO）建议使用加密擦除。加密擦除是一种行业标准技术，通过丢弃其加密密钥使数据无法读取，且删除必须是可审核的。
- 对移动和静止的所有数据进行加密：在将数据上传到云之前对其进行加密会增加一层保护，并且可以通过强大的密钥管理保护加密密钥。
- 实施数据恢复计划：可以进行定期数据备份，并确保有一个经过良好测试的计划，可以从意外或故意的丢失中恢复数据。

4. 安全云服务管理的云安全防护

管理业务关系的目标是实现云提供商与用户之间的有效交互，安全云服务管理的主要重点则是如何解决安全性要求和疑虑。首先，需要定义用户和云提供商的共同责任，例如：云供应商的责任是什么？云供应商有哪些数据存储和删除策略？哪些安全工具可用于保护用户的数据？供应商方面应用了哪些审核和控制流程，用户应该如何应用哪些？如何维护数据机密性？等等。其次，需要确定合规标准。订阅云供应商的服务时，用户仍然负责合规性，在云中开发合规的应用程序和服务并持续保持合规性是用户的全部责任。而云提供商应致力于透明度、问责制并符合既定标准。

4.4 物联网安全

4.4.1 物联网的内涵

每个与互联网相连的事物都需要一个处理器和一种与其他事物进行通信的方式（最好是无线方式），而这些因素所带来的成本和功耗要求使物联网的广泛推广变得不切实际，直到摩尔定律的出现才使物联网的广泛推广慢慢变得可能。物联网中一个重要的里程碑是 RFID 标签的广泛采用，廉价的极简应答器可以粘贴在任何物体上，以将其连接到更广阔的互联网世界。无所不在的 WiFi 和4G 使人们可以简单地在任何地方进行无线连接。物联网是从 M2M 通信发展而来的，即机器通过网络相互连接而无须人工干预。M2M 是指将设备连接到云，对其进行管理并收集数据。物联网将 M2M 提升到一个新的高度。物联网是一个由数十亿个智能设备组成的传感器网络，这些智能设备将人、系统和其他应用程序连接起来以收集和共享数据。作为物联网的基础，M2M 支持物联网的连接性。但是，真正的突破是以 5G 为代表的通信技术的突破，它加快了人类社会传输和处理数据的速度。用户与设备接触和连接得越来越频繁，使得人类传播真正进入了物联网时代，实现"万物互联"。

物联网中世界各地数十亿个物理设备已连接到互联网，所有设备都在收集和共享数据。得益于超低价计算机芯片的出现和无线网络的普及，任何事物，从一些小药丸到大飞机，都成为物联网的一部分。连接所有不同的对象并为其添加传感器，可以为设备提供一定程度的数字智能，使本来很笨拙的设备能够在不涉及人类的情况下进行实时数据通信。物联网使数字世界和物理世界融合在一起，使我们周围世界的结构更加智能，响应能力更强。物联网示意图如图 4 - 7 所示。

图 4 - 7　物联网示意图

随着 5G 网络容量的提升，云计算、人工智能和边缘计算都将帮助处理物联网生成的数据量。网络切片、非公共网络和 5G 核心技术的进一步增强最终将有助于实现全球物联网的愿景，并支持大量连接的设备。5G 以及物联网是两个宏大的技术转变，正从理想的愿景迅速转变为现实的应用程序。通过提供比 4G 快 2.7 倍的下载速度，与使用当今 4G 网络的每平方千米 100 000 个设备相比，5G 可以以每平方千米 100 万个设备收发数据。当这些设备不仅是智能手机和平板计算机，还包括工业传感器、可穿戴设备、医疗设备和车辆时，企业和政府可以提供前所未有的服务和功能。虽然短期内可能看不到相关应用程序，但 5G 和物联网的基础设施正在部署中，并将在未来几年继续推广。据 GSMA 发布的《2020 年移动经济》报告显示：2019 年全球物联网总连接数达到 120 亿，预计到 2025 年，全球物联网总连接数将达到 246 亿，年复合增长率高达 13%，而咨询公司麦肯锡（McKinsey）报告说，全球每秒有 127 台设备连接到互联网。

物联网的基本元素是收集数据的设备。从广义上讲，它们是与互联网连接的设备，因此它们每个都有一个 IP 地址。物联网设备的复杂性很强、范围很广，包括在工厂车间拖拉产品的自动驾驶汽车，监视建筑物温度的简单传感器，健身追踪器之类的个人设备，等等。为了使设备收集的数据有用，需要对其进行处理、过滤和分析，每种处理方法都可以通过多种方式进行。通过将数据从设备传输到收集点来完成数据的收集。可以使用多种技术或在有线网络上无线传输数据。可以通过互联网将数据发送到具有存储和计算能力的数据中心或云，或者分阶段进行传输，中间设备会在发送数据之前对其进行聚合。

处理数据可以在数据中心或云中进行，有时可以有多种选择。关键设备（例如工业环境中的关闭设备）将数据从设备发送到远程数据中心的延迟太大。发送数据、处理数据、分析数据并返回指令（在管道破裂前关闭阀门）的往返可能会花费很长时间。在这种情况下，边缘计算就可以发挥作用，在这种情况下，智能边缘设备可以在相对较近的物理距离内聚合数据、分析数据，并根据需要进行实时响应，从而减少延迟。边缘设备还具有上游连接性，可以发送要进一步处理和存储的数据。总之，与 5G 结合部署的移动边缘计算将为物联网和相关系统提供全新的低功耗设备，这些设备将依靠移动边缘计算设备完成任务。换句话说，某些物联网设备在计算上将非常轻巧，它们大多数情况下都依赖边缘计算节点。

随着物联网的不断发展，众多垂直领域都将会出现物联网项目的应用。最新研究表明，大多数物联网项目仍在制造/工业环境中进行，诸如运输/移动性、能源、零售和医疗保健等垂直行业中物联网项目的份额有所增加。2020 年对顶级物联网应用领域的研究结果显示，在确定的 1414 个公共企业物联网项目中，制造业/工业占比最高（占22%），其次是移动性较强的运输业（占15%）和能源行业（占14%）。

智能交通系统的物联网实例，如图 4 - 8 所示。该智能交通系统可以使用机器学习来快速学习和预测交通模式，评估交通对城市的影响，并通过智能交通系统将评估结果传输到连接在同一高速公路上的其他城市。该交通管理系统还可以分析所获取的数据并导出项目周围的路线，以避免产生交通拥堵，即通过智能设备和无线电信道向驾驶人传达实时指令，同时也可以要求项目附近的城市中的学校和工作场所调整时间表。

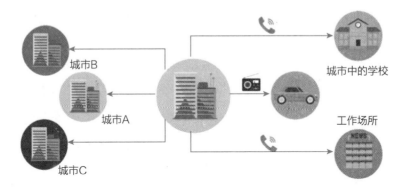

图 4 - 8　物联网应用例子：智能交通系统

4.4.2　物联网的安全风险

5G 的快速发展，促进"万物互联"以及超大连接。预计到 2035 年，连接设备的数量将增长到超过 10 000 亿，而这超大规模连接的设备也将会导致数据量的急剧增长。为了保护数十亿设备安全进入市场，必须深入研究物联网的安全性。因为如果单个设备的安全性极弱，其单个漏洞可能会损害整个设备甚至整个系统。安全漏洞也越来越多，可分为通信、物理、生命周期和软件四个类型，如图 4-9 所示。

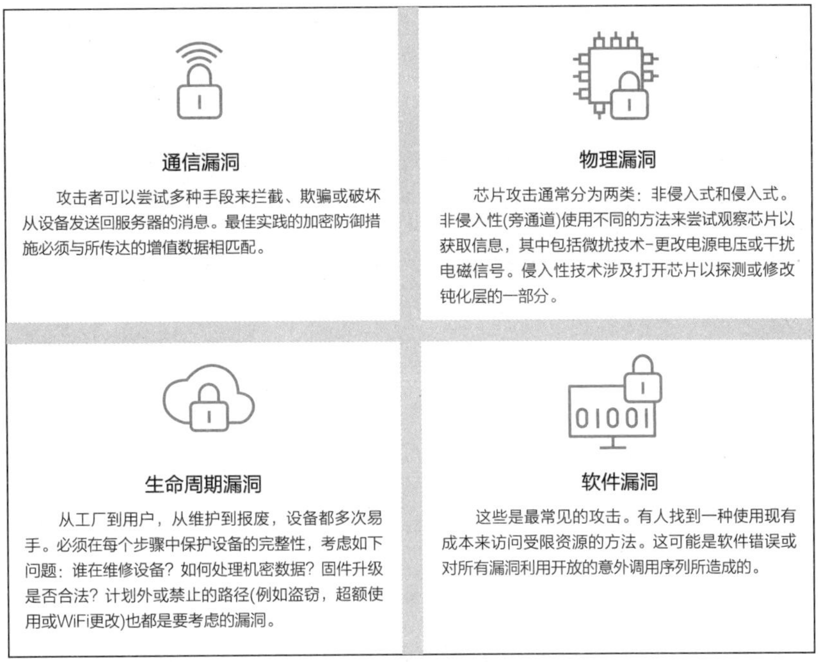

通信漏洞

攻击者可以尝试多种手段来拦截、欺骗或破坏从设备发送回服务器的消息。最佳实践的加密防御措施必须与所传达的增值数据相匹配。

物理漏洞

芯片攻击通常分为两类：非侵入式和侵入式。非侵入性(旁通道)使用不同的方法来尝试观察芯片以获取信息，其中包括微扰技术-更改电源电压或干扰电磁信号。侵入性技术涉及打开芯片以探测或修改钝化层的一部分。

生命周期漏洞

从工厂到用户，从维护到报废，设备都多次易手。必须在每个步骤中保护设备的完整性，考虑如下问题：谁在维修设备？如何处理机密数据？固件升级是否合法？计划外或禁止的路径(例如盗窃，超额使用或WiFi更改)也都是要考虑的漏洞。

软件漏洞

这些是最常见的攻击。有人找到一种使用现有成本来访问受限资源的方法。这可能是软件错误或对所有漏洞利用开放的意外调用序列所造成的。

图 4-9 漏洞类型

物联网安全是物联网充分发挥其潜力的关键之一。为了真正保护数十亿设备安全接入物联网，在设备设计的一开始就必须考虑安全性，安全性贯穿设备的整个生命周期。随着物联网开始用于解决现实世界中的问题，物联网设备内部资产的价值逐渐增加，而成为黑客的主要攻击目标。要保护物联网设备和资产（例如传感器数据或加密密钥），就需要仔细分析物联网资产，还需要考虑所有安全威胁（通信、生命周期、物理或软件攻击），确保做出明智的决策，以保护每个物联网用例。如果不首先考虑安全性，则物联网的企业和用户以后可能会发现设备部署受到威胁，从而带来收入减少、品牌信誉受损甚至在某些情况下生命受到威胁的情况。

物联网安全对很多需要安全保障的业务而言至关重要。随着数字化转型扩展到线上、充满物理设备的世界持续运营，保护物联网不再是事后的事。物联网的发展正在推动移动、云和数据中已确立的数字化趋势，并能够为消费者和工业应用程序提供对物理世界的更好的可见性和控制力。从运输、医疗、制造到零售的许多行业已经在利用物联网进行创新。但是鉴于以物联网为主导的现实世界中的许多行业可能变得容易受到安全威胁，数字化转型仍面临巨大障碍。Cybersecurity Ventures 公司估计，未来五年内，全球网络犯罪经济成本将以每年15％的速度递增，至 2025 年将达到 10.5 亿美元。网络犯罪正在飞速发展已是不争的事实，例如通过协作或利用自动化与人工智能手段建立协同效应，以更高效地利用漏洞实施攻击。《赛门铁克互联网安全威胁报告 2019》指出：每月平均有5400 次攻击是针对物联网设备的。如果物联网没有适当的安全性，组织将面临品牌声誉遭受持续损害的风险，以及因数据泄露而违反政府法规和隐私政策所造成的严重业务后果。有效地进行数字转换，需要质量可靠的数据，这些数据只能由具有良好安全性基准的设备来提供。

自物联网概念首次提出以来，安全专家就长期警告大量不安全设备连接到互联网的潜在风险。要注意的是，许多物联网黑客并非针对设备本身，而是将设备作为更大网络的入口点。

例如，在 2010 年，研究人员发现，Stuxnet 病毒被用于物理破坏离心机，攻击始于 2006 年，但主要攻击发生在 2009 年。Stuxnet 通常被视为物联网攻击的最早的例子之一，其目标是监督和控制工业控制系统（ICS）中的监控与数据采集（SCADA）系统，使用恶意软件感染可编程逻辑控制器（PLC）发送的指令。对工业网络的攻击在持续进行，恶意软件（如 CrashOverride／Industroyer、Triton 和VPNFilter）攻击运营技术系统和工业物联网系统。2013 年 12 月，企业安全公司Proofpoint Inc. 的研究人员发现了第一个物联网僵尸网络。据研究人员称，超过25％ 的僵尸网络是由计算机以外的设备组成的，包括智能电视、婴儿监视器和家用电器。

2015 年，安全研究人员 Charlie Miller 和 Chris Valasek 在一辆吉普车上进行了一次无线黑客攻击，更改了汽车媒体中心的广播电台，打开了刮水器和空调，并停止了加速器的工作。Miller 和 Valasek 能够通过克莱斯勒的车载连接系统Uconnect 渗透到汽车的网络中。

Mirai 是迄今为止最大的物联网僵尸网络之一，它于 2016 年 9 月首次攻击了记者 Brian Krebs 的网站和法国网络托管商 OVH，攻击的频率分别为 630Gbit/s 和 1.1Tbit/s。随后，域名系统（DNS）服务提供商 Dyn 的网络成为攻击目标，包括亚马逊、Netflix、Twitter 和《纽约时报》在内的许多网站数小时内都无法使用。这些攻击通过包括 IP 摄像机和路由器在内的消费物联网设备渗透到网络中。此后出现了许多 Mirai 变体，包括 Hajime、Hide'N Seek、Masuta、PureMasuta、Wicked 僵尸网络和 Okiru。2017 年 1 月，美国食品药物监督管理局（FDA）警告说，具有射频功能的 St. Jude Medical 植入式心脏设备（包括起搏器、除颤器和再同步设备）中的嵌入式系统易受到安全入侵和攻击。

物联网设备和解决方案已部署在越来越复杂的环境中，涉及多个地区和多个标准。不幸的是，黑客技术和高级威胁也在不断创新，并跨越了传统的安全解决方案和方法，从而导致以下类型的挑战：

1）物联网设备安全性薄弱。由于组织需要在其物联网部署中尽快将产品推向市场，因此许多物联网设备都放弃了独立的安全测试，并且可能缺少任何的物联网安全性。

2）物联网设备和数据的管理难度高。必须有一种方法来管理所有这些物联网设备和解决方案，并确保数据受信任。

3）缺乏物联网可见性和控制性。可见性对设备和网络的影响很大。在大规模的物联网部署中，组织必须了解和控制物联网设备在其整个生命周期中的工作以及连接，访问和管理它们。

4）零散的物联网安全解决方案。尝试各种不同的安全解决方案通常会造成碎片、复杂性和安全漏洞，黑客可以利用这些漏洞，因此统一的物联网安全生态系统至关重要。

工业物联网设备通常是专用设备，与其他 IT 系统相比，成本较低，因此很容易添加到基础架构中。每个物联网设备都代表一个潜在的网络漏洞。威胁的严重性取决于设备的智能性（更智能的设备可能托管更复杂的恶意代码）、受到的保护程度以及可在其网络上访问的数据或进程。大多数添加物联网设备的工程师网络安全知识有限，并且这些设备通常没有内置的安全性，即使包括基本的安全功能，也常常是无用的。例如：为了提高安全性，现在常使用密码保护来构建一些用于控制发电厂、电网和炼油厂的关键过程的工业控制系统。但是在某些情况下，密码是固定的，任何更改密码的尝试都会导致控制系统崩溃，这些系统的密码通常会在设备文档中发布，以供所有人查看。可见，物联网架构下存在很多的安全漏洞。

物联网终端本身安全防护薄弱，容易造成用户隐私泄露，因此需要将用户隐私和物联网安全放在同等的位置。隐私和物联网需要被视为一对，隐私是将事物分开，而物联网是将一切连接起来，这两者可能永远无法真正兼容。尽管如此，制造商，开发人员和最终用户仍必须设法在日益相互联系的世界中保护隐私。截至 2020 年，全球约有 270 亿台物联网设备。据 Statista 预测，到 2025 年这一数字将增长到 750 亿。物联网设备通常部署在集群中，且大多数保护力度不足，黑客和恶意代理可以以此为切入点去攻击其他系统的最薄弱的环节，增加用户隐私泄露的风险。

5G 将大大增加设备可用的带宽，物联网机器人可用的带宽随之增加。增加带宽有助于查找更多易受攻击的设备并传播感染，僵尸网络可能会发现更多易受攻击的设备，扩大攻击面。物联网将数十亿个设备连接到互联网，并涉及数十亿个数据点的使用，所有这些数据点都需要加以保护。由于物联网的攻击面不断扩大，因此物联网安全性和物联网隐私被视为主要问题。由于物联网设备紧密连接，黑客要做的就是利用一个漏洞来操纵所有数据，从而使设备不可用。不定期（或根本不）更新设备的制造商容易受到网络犯罪分子的攻击。此外，连接的设备通常会要求用户输入个人信息，包括姓名、年龄、地址、电话号码，甚至社交媒体账户等，造成隐私泄露。

4.4.3 物联网的安全保障

数据合并已成为每个业务的重要组成部分。目前已有超过 84 亿个物联网设备连接并正在运行，最大化效率和获得竞争优势是它们的主要目标。物联网的影响力在未来几年内仍会上升，但在安全性和隐私性方面，管理大量数据以及设备连接似乎很困难，数据泄露和被破坏的情况屡见不鲜，使用有针对性的强大的安全措施来保护物联网安全变得至关重要。物联网简化和自动化操作的力量不可否认，但是需要认识到物联网设备可以极大地增加 IT 基础架构的攻击面。尽管目前没有针对物联网的行业范围的安全标准，但是可以应用物联网网关解决方案来降低风险。

采用何种物联网安全方案取决于物联网特定应用程序和这些应用程序在物联网生态系统中的位置。例如：产品制造商、半导体制造商等物联网制造商应从一开始就专注于构建安全性，进行硬件防篡改，构建安全的硬件，确保安全升级，提供固件更新/补丁并执行动态测试；解决方案中的开发人员，应把重点放在安全软件开发和安全集成上；对于那些部署物联网系统的人来说，硬件安全性和身份验证是至关重要的措施；对于运营商而言，保持系统更新、防范恶意软件、审核、保护基础架构和保护凭据至关重要。

常见的物联网安全措施包括：

1）设计阶段纳入安全性。物联网开发人员应在任何基于消费者、企业或工业设备的开发伊始就涉及安全性。默认情况下，启用安全性、提供最新的操作系统和使用安全硬件至关重要。

2）硬编码的凭据永远不应成为设计过程的一部分。开发人员可以采取的一项措施是要求用户在设备运行之前更新凭据。如果设备带有默认凭据，则用户应在可能的情况下使用强密码、多因素身份验证或生物识别技术更新默认凭据。

3）PKI 和数字证书。公钥基础设施（PKI）和 509 数字证书在安全的物联网设备的开发中起着关键作用，提供了分发和标识公共加密密钥，通过网络进行安全的数据交换和验证身份所需的信任和控制。

4）API 安全性。API 的安全性对于保护从物联网设备发送到后端系统的数据的完整性，以及确保仅合法的设备、开发人员和应用程序可以通过 API 进行通信至关重要。

5）身份管理和认证。为每个设备提供唯一的标识符对于了解该设备的行为方式、与之交互的其他设备以及对该设备应采取的适当安全措施至关重要。物联网身份验证是建立对物联网机器和设备标识的信任模型，在信息通过不安全的网络（如 Internet）传输时用于保护数据和控制访问。强大的物联网身份验证，有助于信任连接的物联网设备和计算机，以防范未经授权的用户或设备控制命令。身份验证还有助于防止攻击者声称自己是物联网设备，防止其访问服务器上的数据（如录制的对话、图像和其他潜在的敏感信息）。

6）硬件安全性。端点加固包括使设备防篡改或显而易见。当设备将用于恶劣环境中或无法被物理监视时，这一点尤其重要。

7）强大的加密对于确保设备之间的通信至关重要。静态和传输中的数据应使用加密算法保护。这包括密钥的生命周期管理。

8）网络安全。保护物联网包括：确保端口安全、禁用端口转发以及在不需要时永远不要打开端口；使用反恶意软件、防火墙和入侵检测系统/入侵防御系统；阻止未经授权的 IP 地址；确保操作系统已打补丁并保持最新状态。

9）网络访问控制。网络接入控制（NAC）可以帮助识别和清点连接到网络的物联网设备。这将为跟踪和监视设备提供基准。对于需要直接连接到互联网的物联网设备，应将其网络细分，并有权访问企业网络。网络端应监视异常活动，并在发现问题后采取措施。

10）安全网关。作为物联网设备和网络之间的中介，安全网关比物联网设备本身具有更强的处理能力、更大的内存和更优的功能，能够实现防火墙等功能，以确保黑客无法访问物联网设备。

11）补丁程序管理/连续软件更新。提供通过网络连接或通过自动化来更新设备和软件的方法至关重要。协调披露漏洞对于尽快更新设备也很重要。还应考虑报废策略。

12）物联网和操作系统安全性是许多安全团队的新技能。安全人员应及时了解新的或未知的系统，学习新的体系结构和编程语言并为应对新的安全挑战做好准备。应定期对网络安全团队进行培训。

13）整合团队。除培训外，整合分散且定期隔离的团队可能会很有用。例如，让开发人员与安全专家合作，可以确保在开发阶段就将适当的控件添加到设备上。

14）消费者教育。必须使消费者意识到物联网的风险，并使他们掌握保持安全性的步骤，例如更新默认凭据和应用软件。消费者还可以要求设备制造商制造安全的设备，并拒绝使用不符合高安全标准的设备。

对于任何物联网部署，在实施之前权衡安全成本和风险都是至关重要的。

第 5 章

基于 5G 的网络空间安全保障技术

5G 技术的发展，使得当今社会逐步进入了万物互联的时代，数以亿计的终端接入网络中来，不管是在终端的数量还是终端的种类方面，物联网都不是传统互联网所能比拟的。这使得网络防御的难度大大增强，网络空间安全面临诸多挑战。

网络空间的内涵和外延都非常丰富，下面仅从电磁信息空间、公共物理空间、虚拟网络空间三个方面，简要介绍 5G 时代的网络空间安全保障技术。

5.1 电磁信息空间安全保障

任何无线通信技术的实现，都必须以一定的无线电频谱资源为载体，5G 技术也不例外。而适合通信使用的无线电频谱资源是有限的，各种通信业务必须遵守一定的频谱划分规则，在分配给自己的频段内运行。5G 网络大带宽、高速率的技术特点，使得其占用的频谱资源也会比较多。从 Sub-6 GHz 频段到毫米波频段，都有 5G 网络部署的案例。频谱大带宽的特点，使得 5G 网络对外来无线电干扰显得更为敏感。

空间无线电频谱是 5G 技术赖以实现的基本资源保障。电磁信息空间是指以无线电频谱为传输载体所构成的网络空间。5G 技术作为主要的网络通信手段，在电磁信息空间占有举足轻重的地位。各种无线电干扰、电子对抗技术的发展，使得维护电磁信息空间安全变得尤为重要。

5.1.1　"云－端"协同网络监控架构

电磁信息空间的安全保障，需要依靠完善的无线电监测网来完成。无线电监测网是由不同频段、不同位置、不同精度的无线电接收机组成的硬件基础设施，其与运行在硬件之上的软件系统，通过联网的方式建立监测数据汇聚，并形成一体化的监测分析网络控制中心，进而能够实时发现或预防 5G 网络自身的电磁信息不合规、外界干扰以及抵制外敌电子信号的入侵等安全问题。云－端协同的无线电网络监测平台如图 5－1 所示。

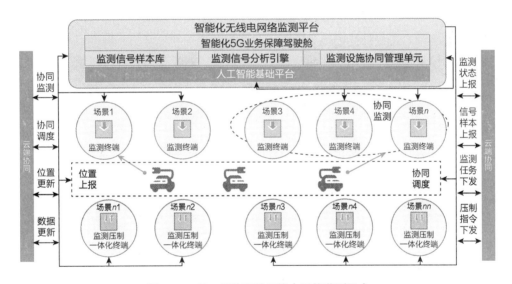

图 5－1　云－端协同的无线电网络监测平台

云－端协同的无线电网络监测平台主要涉及以下几个组成部分。

1. 保障平台软件

保障平台软件基于云架构，其技术基础是人工智能基础平台，提供基于机器学习和神经网络的自学习框架。

监测信号样本库是专为 5G 网络保障这一垂直应用构建的信号样本库，由基础样本库及后续不断更新的样本数据组成。

监测信号分析引擎基于5G频段监测信号样本库进行模型训练，为整个系统提供作弊信号的识别和分析能力，为"云–端"协同提供操作依据。

监测设施协同管理单元是整个系统的核心调度枢纽，指挥、调度硬件终端完成各类云端协同操作，还可以对移动监测车辆和技术人员进行实时调度。

智能化无线电网络监测平台为5G行业应用提供了可视化解决方案，每次监测任务的整体方案规划、指挥及监测状态更新都由此部分完成。

2. 分布式监测终端

分布式监测终端主要用于信号智能采集和回传，可以固定或临时部署于特定的行业应用场景，支持监测状态实时上报，支持可疑信号自动捕获与上报，支持分组协同监测，支持针对不同监测对象的任务灵活调整。分布式监测终端不具备发射压制信号功能，可以和移动监测车、便携式压制设备结合进行压制。

分布式监测终端也可以用一类传感器来实现。

3. 工作方式

云–端协同的智能化5G网络无线电监测系统工作流程如图5–2所示。

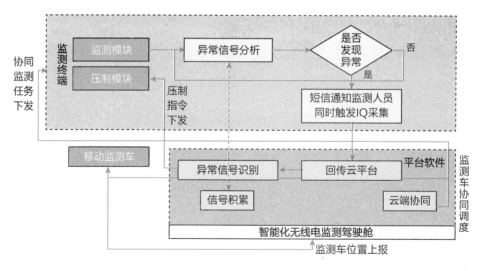

图5–2 云–端协同的智能化5G网络无线电监测系统工作流程

5.1.2　基于人工智能的无线电信号安全保障

5G 通信技术在我国已经开始了规模化商用，中国移动、中国电信、中国联通多家运营商的 5G 指配频段分布于 700MHz～5GHz 的超宽范围，与广播电视、雷达、WiFi、2G/3G/4G 公众移动通信、无人机等多种无线业务使用频率临近，相应的无线电磁环境变得非常复杂。该频段范围内也存在许多未知发射设备，这些发射设备工作时也给越来越复杂的无线电磁环境带来更多的干扰，为无线通信和无线电信号安全传输带来了更多的不确定性，因而需要采用一些技术手段实现对无线电信号安全传输的保障工作。5G 使用频率分布情况如图 5 - 3 所示。

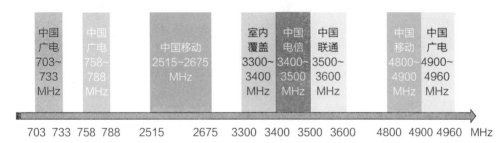

图 5 - 3　5G 使用频率分布情况

传统的无线电信号传输保障手段多使用无线接收测试设备捕获无线电信号，依赖人工观察判断指定频段范围内的信号数量以及传输状态是否正常，并决定是否采取保障措施。这种方式能够对小范围、短时间的无线电信号传输发射行为进行较准确的判断，但是却无法对大范围、长时间的无线电信号传输发射行为进行有效的观测，尤其不能胜任对以 5G 为典型无线通信信号的有效监测。其主要原因在于人工方式是针对无线电信号传输过程中某一片段的精细化观测分析，以发现该片段中的信号使用情况，但面对大量无线电信号片段时人工观测的时效性和准确度则会明显下降，这时需要借助人工智能技术手段从大量截获的无线电信号数据中及时发现信号使用规律、识别信号具体类型、判断发射信号危险程度，从而满足无线电信号传输保障工作的需要。

基于人工智能的无线电信号安全保障的重点在于采用神经网络、深度学习、目标检测等算法实现了智能化的观测判断过程，代替人工从大量的接收信号中主动统计无线电信号的发射规律，在拥挤的无线电信号发射环境中识别无线电信号类型，及时发现异常发射信号，并触发相应的无线电信号安全保障措施。基于深度目标检测的无线电信号识别如图 5-4 所示。

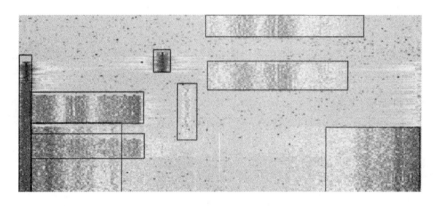

图 5-4　基于深度目标检测的无线电信号识别

5.1.3　非法信号入侵的智能化监测与定位

在 5G 的频段或其他敏感频段，时常会出现未授权频率或同频异常发射的非法信号入侵的情况，这些信号出现时间不固定、地点随机性强，而一旦出现就会对正常的无线通信用频造成干扰，甚至造成社会经济损失等严重问题。对于这类非法信号的主动排查和及时处置对电磁信息空间网络安全保障工作具有重大意义。

对非法入侵信号需要采用智能化监测和定位相结合的方式，从复杂电磁背景中主动侦测、及时发现非法信号，截获其发射频率、功率、带宽等特征，同时启用测向定位功能对该信号进行定位，为安全保障工作提供及时、有效的参考信息。

在信号智能化监测中，系统对接收到的历史无线电数据进行分析，发现非法信号入侵的发射行为轨迹，同时将实时接收的信号数据与历史数据进行比较匹配，及时发现活跃的异常信号，并截获其发射频率、功率、带宽等特征。

在发现非法信号入侵后需要对其进行及时的定位分析，锁定发射位置。信号定位主要包括到达时间差（Time Difference of Arrival，TDOA）技术和到达角交汇定位（Angle of Arrival，AOA）技术两种技术，其中 TDOA 适用于网格化监测系统，AOA 则适用于具备单站测向功能的监测系统。为提高定位精度，通常将两种方法结合使用。

TDOA 是一种利用时间差进行定位的方法，通过测量信号到达监测站的时间，可以确定监测站与信号源的距离。利用信号源到各个监测站的距离（以监测站为中心，距离为半径），就能确定信号的位置。但是绝对时间一般比较难测量，通过比较信号到达各个监测站的绝对时间差，就能做出以监测站为焦点，距离差为长轴的双曲线，双曲线的交点就是信号的位置。这种测量方法需要配合高精度的授时设备，在监测到无线电信号来波时同时打上精准的时间戳。

AOA 在两个以上的位置点设置方向性天线或阵列天线，获取终端发射的无线电波信号角度信息，然后通过交汇法估计终端的位置。它只需利用两个天线阵列就能完成目标的初始定位。与 TDOA 技术的定位方法相比，采用 AOA 技术的系统结构简单，但要求阵列天线具有高灵敏度和高空间分辨率。

TDOA 定位的原理如图 5 - 5 所示。AOA 与 TDOA 多站配合定位如图 5 - 6 所示。

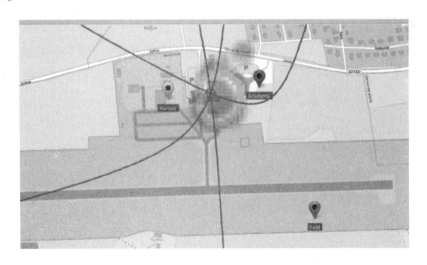

图 5 - 5　TDOA 定位的原理

图 5 - 6　AOA 与 TDOA 多站配合定位

5.1.4　空间电磁态势安全预警和分析

空间电磁态势一般指的是特定频率的无线电信号强度在一定地理空间上的趋势性分布以及未来可能的变化。空间电磁态势信息可用于实现对未测试区域的电磁态势预测，对目标区域的超过阈值的电磁态势分布进行安全预警，并做相应的分析。准确、动态的空间电磁态势预测有助于增强对目标区域特定无线电信号的强度分布认知，可用于 5G 等发射站点的覆盖预测、用频冲突预测、信号定位等应用分析。

空间电磁态势按照实现方式可分为插值预测和基于传播模型的射线跟踪预测两种类型。其中插值预测多采用克里金法或支持向量机插值的方式，采用多离散点信号数据实现对指定区域内电磁态势分布的预测。路测数据如图 5 - 7 所示。插值预测电磁态势分布如图 5 - 8 所示。

基于传播模型的预测方法则可以联合多个固定测试点数据，利用传播模型和地形高程数据实现对特定区域的空间电磁态势预测。雷达探测区域预测如图 5 - 9 所示。干扰覆盖预测如图 5 - 10 所示。

图 5-7　路测数据

图 5-8　插值预测电磁态势分布

图 5-9　雷达探测区域预测

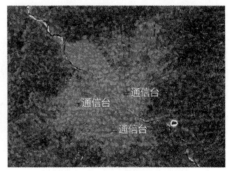

图 5-10　干扰覆盖预测

5.2　公共物理空间安全保障

5.2.1　人脸识别

在 5G 和大数据时代，人脸识别已经融入了人类生活，可以轻松地完成一些日常任务。人脸识别技术可以识别人脸的多个特征，如人脸的不同角度、头发信息、脸上标记、肤色等，并可以将各种表情进行比较。人脸识别在生物识别系统中是首选。

人脸识别系统的研究始于 20 世纪 60 年代，当时伍德罗·威尔逊·布莱索（Woodrow Wilson Bledsoe）开发了一套对人脸照片进行分类的测量系统。以现代标准来看，这个系统的速度并不快，但它证明了人脸识别的想法是有价值的。人脸识别的出现，引起了执法部门的兴趣，因其可以作为一项安全功能进入个人设备，故成为安全保障的技术之一。人脸识别可以预测两个不同的包含面部数据的图像来自同一个人的概率，如果基本上确认图像是匹配的，则判定是同一个人。数码相机技术的成熟是人脸识别技术兴起的催化剂，但是却给数据传输网络以及数据存储带来了压力，因为数字图像可以大到 200MB ~ 1GB，所以网络传输速度必须快。5G 可以提供更快的数据传输速率和更强的存储能力，为人脸识别技术的进一步发展奠定了基础。

人脸识别系统的主要难点之一是系统的技术准确性。在本地数据库中存储和更新人脸是一个巨大的技术挑战。每一张脸都有大约 80 个节点，这些节点是构成面部特征的不同峰谷，例如眼睛之间的距离、鼻宽、眼窝深度、颧骨的形状、下颌线的长度等。鉴于人脸识别引擎在边缘运行，并且识别过程需要实时工作，因此从摄像机到人脸识别应用程序的数据流需要具有尽可能低的延迟。无论是有线传输还是无线传输，人脸识别引擎边缘数据中心都必须位于摄像头网络附近。在 5G 集群中使用边缘数据中心可以提高人脸识别系统的性能和准确性，也促使人脸识别技术向着更加成熟安全的应用方向发展。

人脸识别技术的不断成熟，有好的一面也有坏的一面。一方面，人脸识别技术可以用作安全保障技术之一。进入 21 世纪，由于计算机处理能力不断增强，可以支撑人脸识别所需的计算需求，人脸识别开始大规模应用，因此可以提供更多保障用户安全的线索以及证据。例如：在安防领域，人脸识别技术可有效防范犯罪分子的身份欺诈，同时帮助寻找失踪儿童等；而在互联网领域，刷脸支付等为优化用户体验提供了新的想象空间。

另一方面，人脸识别技术面临用户隐私泄露问题。现在我们正处于 5G 时代以及大数据时代，数据量正在迅速增加，而这些数据也在不断地被收集和分析。例如，近年来，人脸识别被广泛应用于小区门禁、支付转账、实名登记、解锁解密、公司考勤等场景，部分地区甚至连垃圾桶和厕纸供应机都需要使用人脸识别。企查查数据显示，目前我国共有超过 1 万家人脸识别相关企业，仅 2019 年就新增企业 2092 家，同比增长 38%。国际权威调研机构发布的报告显示，中国是人脸识别设备最大的消费区域，预计 2023 年占全球比例将达到 44.59%。

为了减轻人脸识别技术对用户隐私安全的威胁，可以从技术角度和立法角度出发，进行各种尝试。

从技术角度出发，当下有很多隐私保护技术，例如保护个人身份信息的数据匿名化方法，在共享数据之前扰乱数据或在计算过程中增加噪声的差分隐私技术，允许对加密数据进行计算和查询的加密方案（如完全同态加密方案）。除此之外，近年来还出现了一类新的责任制方法，即区块链。这类系统是利用比特币来完成操作的，它允许用户使用可公开验证的开放式分类账，而无须中央监管机构安全地转移货币（比特币）。结合区块链和链外存储来构建专注于隐私的个人数据管理平台，可以减少人脸识别数据收集和存储带来的高隐私泄露风险。

从立法角度出发，解决人脸识别中可能出现的用户隐私泄露问题，则需要进行制度建设，如出台数据安全、个人信息保护等方面的法律法规。欧盟的 GDPR（《通用数据保护条例》）于 2018 年 5 月生效，它对个人数据保护和个人隐私权提出了严格要求。GDPR 为隐私权设定了新的标准，将保护个人信息隐私的重要性放在首位，改变了全球组织存储和处理个人数据的方式。GDPR 明确关注生物识别数据隐私，为了使生物识别安全、正常工作，并适当保护公民权利，应谨慎、明智地管理私人和公共组织收集的数据，使得欧盟居民对他们的个人数据和生物特征数据拥有控制权。更好地利用人脸识别技术进行 5G 网络空间安全保障，则需要进一步完善相关体制，给所有公民一个更加安全、更加可信赖的隐私环境。

5.2.2 姿态监控

在过去的十年中，认知在现代通信、网络和计算系统中备受关注。最先进的解决方案（例如认知无线电）主要侧重于认知的使用，以提高无线频谱等系统资源的利用率。在 5G、大数据分析和深度学习的最新进展中，我们看到了从这些系统资源中探索认知智能的巨大潜力，以及其广泛的应用前景，其中一个显著的例子是人类活动的识别，即姿态监控。

随着 5G 和物联网的快速发展，智慧城市在学术界和工业界引起了越来越多的关注。智慧城市旨在为居住在城市中的人们提供智能和实时的服务。在智慧城市的实际实施过程中，需要考虑构建基于视频的异构物联网架构，以记录人们的日常活动，并根据其行为数据提前分析其潜在动机。事实上，基于视频的物联网系统已经发展为集成了图像处理、计算机视觉和无线网络技术的多媒体物联网系统，它可以实现智慧城市中人与物的互联。集中式架构提供了多媒体物联网应用程序，其中各种外围监视设备部署在城市的不同位置以生成海量视频数据，然后通过合适的无线通信网络将这些数据传输到数据控制中心——执行数据管理和处理任务的地方。智慧城市系统应用架构如图 5 - 11 所示。

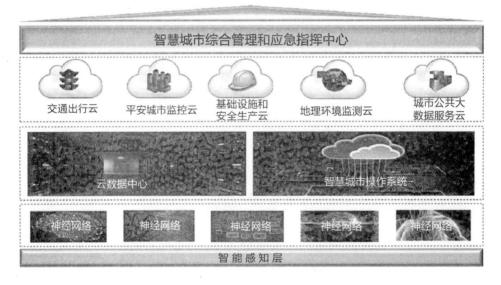

图 5 - 11　智慧城市系统应用架构

如今，为了实现实时智能服务，传输网络需要具有高连接性、高数据速率和低延迟的能力，以支持海量数据传输。同时，基于视频的人类动作识别算法需要更加准确，以便能够及时准确地判断人类行为的真实意图。随着 5G 的成熟，收集到的视频数据如今可以轻松地通过无线方式传输到控制设备或中央设备，这为促进多媒体物联网系统的推广奠定了基础。然而，复杂的背景和运动风格使得人体动作分析仍然是一个挑战。实际上，人类行为识别（HBR）是一个复杂的过程，包括视频信号捕获、动作识别、人类行为分析和最终判断。图 5 - 12 所示为常规的 HBR 体系结构，其通过特征提取器来提取图像特征，然后使用算法对某些特征进行编码，以使其最终特征分类更具特色。

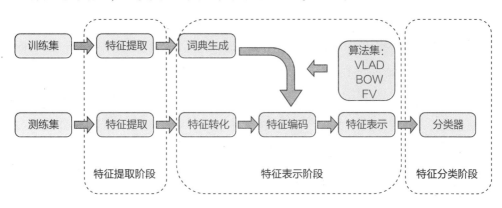

图 5 - 12　常规的 HBR 体系结构

　　HBR 的几种方法都是使用单个摄像机收集数据的。由于传统摄像机捕获场景的 2D 投影，因此对图像平面中操作的分析实际上是对实际动作的投影的分析。也就是说，操作的投影取决于视点。获得有关操作完整信息的常见方法有两种：第一种是利用重建的 3D 数据的 3D 表示和多摄像机，第二种是从多视图摄像机系统的 2D 图像视图中提取特征。在计算机视觉以人为中心的研究活动（如人体检测、跟踪、姿态监控和运动识别等）中，姿态监控因其在视频监控、人机界面、环境辅助生活、人机交互、智能驾驶等方面的潜在应用而显得尤为重要。原则上，姿态监控可以获得巨大的社会效益，尤其是在现实生活中的以人为中心的应用中，如老年人护理、医疗保健和网络空间安全保障。

　　传统的 HBR（如姿态监控）解决方案依赖于基于传感器或无线设备的方法，但所需的传感器/无线设备在尺寸和重量上通常不可忽视，这限制了应用场景。射频识别（RFID）是一项很有发展前景的技术，具有成本低、体积小、无电池的特点。基本上，RFID 系统由读卡器和许多标签组成，其中标签可以通过读卡器的信号激活和供电，还可以将信号发送回读卡器，而不需要额外的电池。单个RFID 读卡器一次可以操作数千个标签。

人工智能的最新进展为 RFID 技术的认知能力带来了新的可能性，使 RFID 通信更智能，可以进行精确的活动识别。具体来说，深度学习作为新一代机器学习，能够很好地应对相关挑战，为多路径的复杂环境中的活动识别问题提供新的思路。目前研究人员提出了一个叫作 DeepTag 的深度学习架构，它可以利用预处理方案中的 RFID 信号，使用卷积神经网络（CNN）和长短期记忆（LSTM）神经网络来解决活动识别问题。DeepTag 可以很好地适应标记附加和无标记活动标识方案：前者直接将 RFID 标记附加到对象（例如人体）；后者只将标记放在环境中的固定位置，从而使对象无标记。另外，DeepTag 可使用现有的 RFID 读卡器（例如具有有限数量天线的单个特高频读卡器）轻松部署，并允许重复使用现有的 RFID 读卡器进行室内活动识别。

深度学习等人工智能技术在 HBR 中的应用使得姿态监控变得更加智能化，也更加有效率，同时也使得姿态监控在网络空间安全保障方案中的应用变得更加容易和可靠。

5.2.3 社交关系联动分析

移动无线网络正在改变人们的感知以及人们与周围世界互动的方式。未来的 5G 系统将带来一系列进步，将当前现实转变为一个"互联现实"。在这个"互联现实"中，人员和对象将在一个统一的整体中相互连接，即每个人将不仅与医生、朋友、同事、客户/供应商等连接，而且与车辆、电器、商店等连接。简言之，每个人将与每一个可能感兴趣的对象相连接。在这种情况下，社交网络在用户之间传播信息、想法，以及提升影响力方面起着重要作用。尤其是移动社交网络的出现，使得信息传播成为最大的挑战之一，多媒体内容的交付和传播必须考虑到这一点。另外，微博、抖音等在线社交平台的兴起使得用户的在线活动显著增加。事实上，随着智能手机和平板计算机上多媒体内容的频繁上传和下载，大量的数据被交换到当今的蜂窝网络。

新兴的 5G 无线网络具有更高的数据速率、更低的延迟和更好的体验质量（QoE），有望为无数异构物联网设备提供无缝连接。同时，随着蜂窝网络的密度化，近距离的用户将能够直接通信，而不需要任何基站（Base Station，BS）的参与，设备之间的这种通信方法被称为 D2D（Device to Device）通信。社交网络利用社会信任和互惠关系，正在改变物联网和 D2D 通信，形成中继选择机制的基础，即从社交网络到社交物联网和社交 D2D。社会信任范式模仿人类社交网络，关系（兄弟姐妹、同事等）被用作信任和可靠性的标志。同时，物联网的日益普及也促进了社交网络进一步将物联网的概念融入社交物联网（SIoT）中。SIoT 设想：新一代的智能和社交对象能够与其他对象自主交互，发现服务和相关信息，宣传它们的存在，并为网络提供可能的服务。SIoT 的最新研究证明了可信性和友谊选择在形成可靠的物联网范式方面的有效性。此外，随着物联网和 D2D 通信受到重视，社交网络逐渐开始向 D2D 通信的各个方面发展。社会意识、声誉和推荐模型可以显著降低社交网络的能耗和数据丢失的风险。从社交感知设备收集的数据来看，D2D 资源管理和协作通信是少数。我们相信，社交网络具有适当的信任性，是 5G 无线网络中实现社交 D2D 通信的关键。

当今，社交网络已成为信息传播的重要媒介，信息传播方便、快速。在在线社交网络（OSN）上，新闻传播迅速，广告可以有效地覆盖潜在的用户，但一些恶意信息如谣言和计算机病毒，也可以不受控制地传播。因此，如何控制有害信息的传播，减少相应的损失，也是社交网络影响传播范式研究中的一个重要课题。为了防止有害信息的传播，必须找到影响传播的来源节点。两个经常通信的节点可能有显著的联系，这些节点具有很强的社交关系；相比之下，很少接触的节点被认为具有微弱的社交关系。除此之外，通过使用网络中的联系簿或节点记录，可以发现社交相似性。通常讨论特定问题或主题的节点可以被视为彼此在社交上相似，即可以定义两个节点具有接近性，这些节点可由它们感兴趣的区域的交集来确定。"六度分隔理论"也被称为"小世界理论"，是美国社会心理学家斯坦利·米尔格拉姆（Stanley Milgram）在 1967 年提出的理论。该理论认为在人际交往的脉络中，你和任何一个陌生人之间所间隔的人不会超过五个，也就是说，最多通过五个人你就能够认识任何一个陌生人。在过去几十年，该理论已被广泛应用于社交网络的研究。六度分隔理论示意图如图 5-13 所示。依据六度分隔理论，通过对在线社交网络中传递节点的父节点进行爬网回溯，可以进行社交关系的联动分析，进而保障公共空间安全。

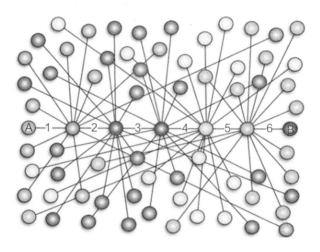

图 5 - 13　六度分隔理论示意图

社交网络是用户之间连接所形成的一种关系结构，是用户真实社会关系的延伸。通信网络打破了传统社交网络对个人时空的限制，是一个"在线"过程。如今，在线社交网络通过分析用户的行为并帮助用户保持/创建社交形象来提供支持。在社交网络中，许多数据是通过社会互动而产生的。这些社会数据可以作为了解用户社会行为的重要资源。研究结果表明，尽管特定个体的移动通信方法明显不同，但人类移动行为有显著规律性，大多数人遵循一种简单且可重复的模式。分析在线社交网络中用户使用各种服务和应用时所表现出的特征和规律，具有极高的实用价值和商业价值。而为了保障 5G 网络空间安全，同样也可以将在线社交网络作为一种特定的信息技术，用以分析用户行为，实现安全保障。

5.3　虚拟网络空间安全保障

5.3.1　智能化舆情监测预警

目前，随着 5G 和物联网技术的不断发展，互联网已进入大数据时代，具有很多符合时代特征的特点：

1）数据量巨大。非结构化数据占总数据量的 80%～90%，其增长速度比结构化数据的增长快 10～50 倍。

2）大数据的异质性和多样性（如图片、视频、博客、微博、微信等）比数据的复杂性更为重要，有时微博等大数据中的小数据也具有破坏性。

3）值密度低，需要在大量信息中提取有价值的信息。

4）传输速度快，因此需要实时分析而不是批量分析。

在大数据时代，面对如此大量和快速的信息，单纯地人工监视互联网不再可行。网络已经成为公众表达意见、讨论公共事务、参与经济社会和政治生活的重要公共平台。一些人通过论坛、即时通信、电子邮件等方式泄露和传播敏感和不良信息，威胁着网络空间安全、社会稳定和人们的生命财产安全。由于网络舆情信息以几何级数增长并扩散，因此必须对网络舆情进行监测和分析，以便政府管理舆情信息，及时发现网络空间安全威胁，做出预警并正确指导舆论趋势。

可以设置一些关键词来进行舆情监测。先将网络空间安全相关的主体关联起来，然后把互联网一定范围内的相关数据收集起来。收集完所有相关数据之后，开始汇总信息，以确定与网络空间安全相关的数据。在收集并过滤了这些信息之后，下一步是完善和分析，包括传播统计和分析（媒体分析、主体传播分布、传播路径分析、传播源跟踪）、敏感（负面）舆论研究和判断、舆论信息传播趋势分析，预测收集到的舆论信息的未来趋势。国内外对互联网舆情的研究已经取得了一定的成果，但仍有若干问题待解决。当前互联网舆情监测预警系统的工作范围受到用户关键词的限制，受某些主观因素（例如知识、信息源和用户的关注）的影响，系统很难检测网络空间安全保障的所有信息。因此，使用计算机来整理新闻，自动找到热门主题关键词，及时更新数据库通用安全词的频率，可以完成对突发事件的及时跟踪。

人工智能为当今网络空间环境中的舆情监测提供了战略工具。人工智能属于计算机科学领域，强调使智能机器像人类一样工作和做出反应。使用人工智能技术提出的智能数据收集策略以及智能舆情监测预警可以提高网络空间安全保障的效率和效力。为了实时监测网络舆情，监测组织可以通过集成在社交媒体监视工具中的人工智能算法，从在线社区中获取重要信息，以提高工具的效率。通过使用人工智能，可以生成自动化决策系统，这些系统有助于收集在线社区中的数据，然后对收集到的数据进行分析并提供给业务决策。

5.3.2　工业物联网的黑客攻击防控

5G 将在未来几年内改变许多行业领域。从工厂车间到医疗保健领域、再到金融服务行业乃至娱乐行业，5G 使各个行业领域进入全新的连接阶段。5G 具有低延迟、高安全性和定制网络的特点，使工厂能够充分利用传感器和物联网进行资产监控和自动化生产，具备人工智能和机器学习功能。可以与云超大规模集成的工业物联网（Industrial Internet of Things，IIoT）平台（如 Amazon AWS 和 Microsoft Azure）将成为启用 5G 的 IIoT 生态系统的关键推动力。工业的多个设备以及生产流程都将在一个互连的世界中，几乎所有设备都将互连。IIoT 每天都将连接越来越多的设备，尽管这可能意味着会给工业界带来更多便利，但也意味着增大了黑客的攻击面。在一切都数字化的时代，安全漏洞和黑客攻击甚至不再具有新闻价值。IIoT 网络需要先进的安全系统，不仅要确保无中断的智能工厂工作流程，保护员工和资产，还需要保护关键业务信息。

通常，IIoT 基础设施包括各种互连的设备和软件，它们收集数据并将数据传输给互联网。IIoT 系统的整体复杂性高，使安全漏洞的数量急剧增加。在这样的环境下，传统的防火墙和抗黑客攻击系统是不够的，复杂的 IIoT 基础架构需要更高级的安全功能。在企业环境中，最容易受到网络攻击的工业控制系统包括监控和数据采集系统（SCADA）、可编程逻辑控制器（PLC）、连接人机的接口以及分布式控制系统。

典型的物联网安全威胁包括以下内容：

1）设备劫持。通常很难检测到此威胁。设备被劫持后，看上去仍以其通常的方式工作，但实际上它已被黑客控制，并用于感染其他设备。例如，被劫持的智能电表可以感染其他智能电表，并最终被黑客控制整个企业的能源管理系统。

2）DDoS 攻击。DDoS 攻击即分布式拒绝服务攻击，是指来自多个来源的攻击，并阻止最终用户访问系统。显然，企业环境中的此类物联网安全漏洞是最有害的。

3）PDoS 攻击。PDoS 攻击即永久拒绝服务。这种类型的攻击会永久损坏目标设备，并且有可能对整个企业的工作流程造成重大破坏。生产中断、设备损坏和产品缺陷是 PDoS 攻击的一些不良结果。

4）中间人攻击。这种类型的攻击是由人造成的。攻击者可能会损坏物联网基础设施，或中断两个系统之间的通信。损坏的系统可能进一步影响其他设备或系统，从而导致连锁效应和严重的物理损坏。

如上所述，在工业环境中忽略物联网安全可能非常危险，并会导致严重后果。为了防控 IIoT 下的黑客攻击等安全威胁，可以采取以下方法：

1）检测易受攻击的设备。此方法涉及创建物联网网络中每个组件的寄存器，从最小的物联网传感器到整个制造工厂。因此，如果这些组件中的任何一个被黑客攻击，则将更容易被检测到。识别这些设备中的安全漏洞有助于加强智能工厂的安全系统，以抵御潜在的威胁。

2）建立访问策略。确切了解哪些设备可以访问哪个物联网设备，可以预防黑客攻击和检测潜在危害。可以使用在敏感数据保护中广泛应用的最小特权原则（PoLP）作为授予或拒绝访问权限的依据。但是，仅有密码保护是不够的，为确保安全访问，可以考虑使用高级的面部和语音识别系统、生物识别技术等。了解设备之间的连接方式对于防止物联网安全漏洞和攻击也非常重要。

3）监控可疑活动。工业物联网上的每个设备都有可以依赖的操作标准，对其中一个的妥协可能表明存在安全漏洞。但是，无须监视网络上的所有设备，只要知道它们是如何互连的即可。监视最关键的设备可能足以检测到物联网的网络攻击，检测到攻击后需要迅速隔离故障设备，以阻止它们感染整个网络。

5.3.3　工业物联网的病毒传播防控

从历史上看，工业控制系统（ICS）的恶意软件以及木马病毒的威胁在很大程度上是假设的，因为很少听说专门为 ICS 设计恶意软件或者病毒的事件。2017年，Triton 恶意软件针对关键系统发动攻击并迅速扩散，显示出了这类威胁可能带来的潜在破坏。随着 OT 和 IT 的融合，以及 ICS 运营商大力采用 IIoT，安全风险越来越大。移动通信和物联网的采用率持续上升，既提高了整个企业通信和生产的效率，也带来了大量的安全隐患。在"万物互联"的 IIoT 环境之下，恶意软件以及病毒传播是最大的安全隐患之一，这是因为相互连接的设备经常控制大型危险机器或发送和接收敏感数据。

美国国家标准与技术研究院（NIST）维护的国家漏洞数据库的快速搜索数据显示，研究人员在 2008 年发现了 5634 个 ICS 漏洞，到 2018 年，这个数字增加了一倍以上，达到 16 516 个；另外，向工业控制系统网络应急响应小组（ICS-CERT）报告的事件数量不断增加，这表明 ICS 设备中的漏洞仍在不断发展。与其他操作技术一样，ICS 所面临的挑战在于，缓慢的修补过程为攻击者入侵系统留下了更大的窗口。同时，针对工业 OT 以及 IT 的攻击数量正在增长。

为了防控 IIoT 的病毒传播，首先需要为所有系统建立常规的修补和更新策略，尽快下载补丁程序，以防止网络罪犯利用这些安全漏洞。研究发现，制造商从通知之日起平均需要 150 天来修补报告的漏洞，从而为 IT 和安全团队提供充足的时间来准备所需的系统更新。企业和工厂应定期举行网络安全意识活动，以使员工了解网络犯罪分子在其攻击中使用的最新技术。IT 管理员应采用最小特权原则，以简化对入站和出站流量的监视，同时安装多层保护系统，检测并阻止从网关到端点的恶意入侵和病毒传播。其次，应使用软件解决方案实现 IIoT 安全。大多数传统安全系统通常使用固定模式的 SQL 数据库，但这些数据库无法处理越来越多的高速数据，而高级安全解决方案是为处理大型数据集而量身定制的。

根据最新趋势，工业中所有数据都与安全性相关，应该对其进行捕获、索引和分类，以查明可能的威胁。要确保 IIoT 的安全性，仅依靠防火墙、入侵检测系统（IDS）和防病毒软件处理和分析数据显然是不够的，因为它们只能处理所谓的"已知"威胁。为了检测高级和未知的安全隐患，必须分析看似不相关的数据类型（如操作系统日志、轻量目录访问协议、域名系统、电子邮件/Web 服务器）。也就是说，必须捕获和监视安全性和非安全性的数据，以提供实时通知和警报。基于大数据分析，高级安全软件现在为 IIoT 安全管理树立了新标准，可通过检测偏离规范的事件以及看似异常的事件组合，自动发出任何异常警报。

第 6 章 / **5G 新生态下的安全问题展望**

6.1　5G＋车联网

6.1.1　车联网概述

新一代信息和通信技术，有助于实现车内、车与人、车与车、车与路、车与服务平台的全方位网络连接，提升汽车智能化水平和自动驾驶能力，构建汽车和交通服务新业态，从而提高交通效率，改善汽车驾乘感受，为用户提供智能、舒适、安全、节能、高效的综合服务。车联网中的网络连接如图 6-1 所示。

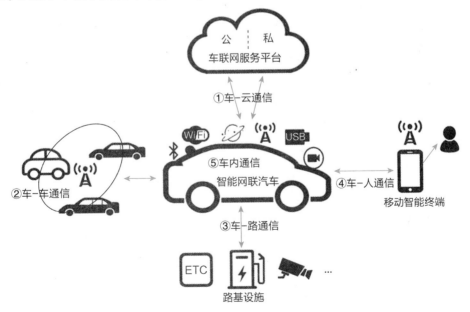

图 6-1　车联网中的网络连接

117

车联网的网络安全应重点关注智能网联汽车安全、移动智能终端安全、车联网服务平台安全、通信安全，同时数据安全和隐私保护贯穿于车联网的各个环节，也是车联网网络安全的重要内容。网络安全视角下的车联网如图 6 - 2 所示。

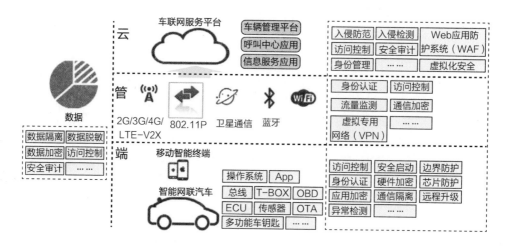

图 6 - 2　网络安全视角下的车联网

6.1.2　车联网系统安全风险

C-V2X 是基于蜂窝（Cellular）通信演进形成的车用无线通信技术（Vehicle to Everything，V2X）技术，可提供 Uu 接口（蜂窝通信接口）和 PC5 接口（直连通信接口）。车联网系统的系统架构如图 6 - 3 所示。下面从网络通信、业务应用、车载终端、路侧设备等方面论述车联网系统面临的安全风险。

1. 网络通信

（1）Uu 接口　Uu 接口场景下，5G 车联网系统继承了 5G 网络系统面临的安全风险，主要有假冒终端、伪基站、信令/数据窃听、信令/数据篡改/重放等。

在未经保护的情况下，非法终端可以：假冒合法终端的身份接入运营商的蜂窝网络，占用网络资源，获取网络服务；假冒合法终端的身份发送伪造的网络信令或业务数据信息，影响系统的正常运行。

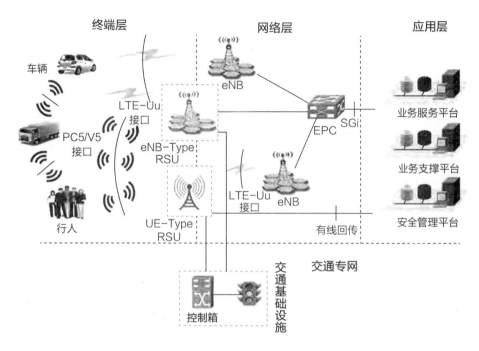

图 6-3　车联网系统的系统架构

攻击者可以部署虚假的 5G 网络基站,并通过发射较强的无线信号吸引终端选择并接入,造成网络数据连接中断,直接危害车联网业务安全。

利用 Uu 接口的开放性以及网络传输链路上的漏洞,攻击者可以窃听车联网终端与网络间未经保护直接传输的网络信令/业务数据,获取有价值的用户信息,例如短消息,车辆标识、状态、位置等,造成用户隐私泄露;攻击者可以发起中间人攻击,篡改车联网终端与网络间未经保护直接传输的网络信令/业务数据,或者重新发送过期的网络信令/业务数据,导致网络服务中断或者业务数据错误,出现异常的行为及结果,危害 5G 车联网业务安全。

(2) PC5 接口　不论是基站集中式调度模式还是终端分布式调度模式,直连传输的用户数据均在专用频段上通过 PC5 接口广播发送,因此短距离直连通信场景下 5G 车联网系统在用户面上面临着虚假信息、假冒终端、信息篡改/重放、隐私泄露等安全风险。

利用 PC5 无线接口的开放性,攻击者可以通过合法的终端及用户身份接入车联网系统并且对外恶意发布虚假信息；攻击者可以利用非法终端假冒合法车联网终端身份，接入直连通信系统，并发送伪造的业务信息；攻击者可以篡改或者重放合法用户发送的业务信息。这些都将影响车联网业务的正常运行，严重危害周边车辆及行人的道路交通安全。此外，利用 PC5 无线接口的开放性，攻击者可以监听并获取广播发送的用户标识、位置等敏感信息，进而造成用户身份、位置等隐私信息泄露。严重时，用户车辆可能被非法跟踪，这将直接威胁用户的人身安全。

除了用户面数据交互，基站集中式调度模式下车联网终端及 UE 型路侧设备还需接收 5G gNB 基站下发的无线资源调度指令。因此，在基站集中式调度模式下车联网系统同样面临着伪基站、信令窃听、信令篡改/重放等安全风险。

2. 业务应用

5G 车联网业务应用包括基于云平台的业务应用以及基于 PC5/V5 接口的直连通信业务应用。

（1）基于云平台的业务应用　基于云平台的业务应用以蜂窝通信为基础，在流程、机制等方面与移动互联网通信模式相同，自然继承了"云、管、端"模式现有的安全风险，包括假冒用户、假冒业务服务器、非授权访问、数据篡改/泄露等。在未经认证的情况下，攻击者可以假冒车联网合法用户身份接入业务服务器，获取业务服务；非法业务提供商可以假冒车联网合法业务提供商身份部署虚假业务服务器，骗取终端用户登录，获得用户信息。在未经访问控制的情况下，非法用户可以随意访问车联网系统业务数据，调用系统业务功能，使系统面临着信息泄露及功能滥用的风险。业务数据在传输、存储、处理等过程中面临着篡改、泄露等安全风险。

（2）基于 PC5/V5 接口的直连通信业务应用　直连通信业务应用以网络层 PC5 广播通道为基础，在应用层通过 V5 接口来实现。该场景下主要面临着假冒用户、消息篡改/伪造/重放、隐私泄露、消息风暴等安全风险。利用 PC5/V5 无线接口的开放性，攻击者也可以假冒合法用户身份发布虚假的、伪造的业务信息，篡改、重放真实业务信息，造成业务信息失真，严重影响车联网业务安全；

同时，攻击者也可以在 V5 接口上窃听传输的业务信息，获取用户身份、位置、业务参数等敏感数据，造成用户隐私泄露；此外，攻击者还可通过大量发送垃圾信息的方式形成消息风暴，使终端处理资源耗尽，导致业务服务中断。

3. 车载终端

车载终端承载了大量功能，除了传统的导航能力外，近年来更是集成了移动办公、车辆控制、辅助驾驶等功能。功能的高度集成也使得车载终端更容易成为黑客攻击的目标，造成信息泄露、车辆失控等重大安全问题，因此车载终端面临着比传统终端更大的安全风险。

（1）接口层面安全风险　车载终端可能存在多个物理访问接口，在车辆的供应链、销售运输、维修维护等环节中，攻击者可以通过暴露的物理访问接口植入有问题的硬件或升级恶意程序，对车载终端进行入侵和控制。

另外，车载终端通常有多个无线连接访问接口，攻击者可以通过无线接入方式对车载终端进行欺骗、入侵和控制，例如，通过卫星或基站定位信号、雷达信号进行欺骗，无钥匙入侵系统等。

（2）设备层面安全风险

1）访问控制风险。当车载终端内、车载终端与其他车载系统间缺乏适当的访问控制和隔离措施时，车辆整体安全性会降低。

2）固件逆向风险。攻击者可能通过调试接口提取系统固件进行逆向分析。设备的硬件结构、调试引脚、WiFi 系统、串口通信、MCU（Microcontroller Unit，微控制单元）固件、CAN（Controller Area Network，控制器局域网络）总线数据、T-BOX 指纹特征等均可能被逆向分析，进而利用分析结果对终端系统进行进一步攻击。

3）不安全升级风险。黑客可能引导系统加载未授权代码并执行，达到篡改系统、植入后门、关闭安全功能等目的。

4）权限滥用风险。应用软件可能获得敏感系统资源并实施恶意行为（如GPS 跟踪，后台录音等），给行车安全和用户信息保护带来很大的安全隐患。

5）系统漏洞暴露风险。如果系统版本升级不及时，已知漏洞未及时修复，黑客可能通过已有的漏洞，利用代码或者工具对终端系统进行攻击。例如，黑客可能利用漏洞获取非法权限或关闭安全功能，发送大量伪造的数据包，对车载终端进行拒绝服务攻击。

6）应用软件风险。车载终端上的软件多来自外部，可能缺少良好的编码规范，存在安全漏洞。不安全的软件一旦安装到设备上，很容易被黑客控制。

7）数据篡改和泄露风险。关键系统服务和应用内的数据对于辅助驾驶和用户对车况的判断而言非常关键。数据被篡改可能导致导航位置错误、行车路径错误、车附属传感内容错误、车载应用的相关内容不正确等。内容数据的泄露同样会造成诸多安全问题和隐患。

4. 路侧设备

路侧设备是 5G 车联网系统的核心单元，它的安全关系到车辆、行人和道路交通的整体安全。它所面临的主要安全风险如下：

（1）非法接入　路侧单元（RSU）通常通过有线接口与交通基础设施及业务云平台交互。攻击者可以利用这些有线接口接入 RSU 设备，非法访问设备资源并对其进行操作和控制，从而造成覆盖区域内交通信息混乱。攻击者甚至还能通过被入侵或篡改的路侧设备发起反向攻击，入侵整个交通专用网络及应用系统，在更大范围内危害整个车联网系统的安全。

（2）运行环境风险　与车载终端类似，RSU 中也会驻留和运行多种应用、提供多种服务，也会出现敏感操作和数据被篡改、被伪造和被非法调用的风险。

（3）设备漏洞　路侧设备及其附件（智能交通摄像头等终端）可能存在安全漏洞，导致路侧设备被远程控制、入侵或篡改。

（4）远程升级风险　通过非法的远程固件升级可以修改车联网系统的关键代码，破坏系统的完整性。黑客可通过加载并执行未授权的代码来篡改系统、关闭安全功能，从而远程控制、入侵或篡改路侧设备。

（5）部署维护风险　路侧设备固定在部署位置后，可能由于部署人员的失误，或者交通事故、风、雨等原因，导致调试端口或通信接口暴露或者部署位置变动，从而降低了路侧设备的物理安全防御能力，使破坏和控制成为可能。

6.1.3 车联网系统安全需求

下面将从网络通信、业务应用、车载终端和 UE 型路侧设备几个方面讨论 5G 车联网系统安全需求。

1. 网络通信

5G 车联网网络通信安全包含蜂窝通信接口通信安全和直连通信接口通信安全，在系统设计时应满足如下安全需求：

1）蜂窝通信接入过程中，终端与服务网络之间应支持双向认证，确认对方身份的合法性。

2）蜂窝通信过程中，终端与服务网络应：对 LTE 网络信令，支持加密、完整性以及抗重放保护；对用户数据，支持加密保护，确保传输过程中信息不被窃听、伪造、篡改、重放。

3）直连通信过程中，系统应：支持对消息来源的认证，保证消息的合法性；支持对消息的完整性及抗重放的保护，确保消息在传输时不被伪造、篡改、重放；根据需要支持对消息的机密性保护，确保消息在传输时不被窃听，防止用户敏感信息泄露。

4）直连通信过程中，系统应支持对真实身份标识及位置信息的隐藏，防止用户隐私泄露。

2. 业务应用

基于云平台的业务应用与移动互联网"云、管、端"的业务交互模式相同，故其安全需求与现有网络业务应用层的安全需求基本一致，需确保业务接入者及服务者身份的真实性，业务内容访问的合法性，数据存储、传输的机密性及完整性，平台操作维护管理的有效性，并做好日志审计以确保可追溯性。

基于直连通信的业务应用具有新的特点，需要满足传输带宽、处理实时性等各方面的要求，由此要求安全附加信息尽量精简，运算处理时间尽量压缩，以满足车联网业务快速响应的特点。在业务消息的传输过程中，系统还应：

1）支持数据源的认证，保证数据源头的合法性，防止假冒终端或伪造的数据信息。

2）支持对消息的完整性及抗重放的保护，防止消息被篡改、重放；根据需要支持对消息的机密性保护，保证消息在传输时不被窃听，防止用户私密信息泄露。

3）支持对终端真实身份标识及位置信息的隐藏，防止用户隐私泄露。

3. 车载终端和 UE 型路侧设备

车载终端和 UE 型路侧设备具有很多共同的安全需求，其内容涉及硬件设计、系统权限管理、运行环境安全、资源安全管理等方面，主要安全需求如下：

1）车载终端和 UE 型路侧设备应注意有线和无线接口的安全防护。设备应具有完备的接入用户权限管理体系，对登录用户做可信验证并且合理分配用户权限，根据不同用户权限进行不同操作处理。另外，应尽量隐蔽关键芯片的型号及具体管脚功能、敏感数据的通信线路。

2）车载终端和 UE 型路侧设备应具备对敏感数据的存储和运算进行隔离的能力。

3）车载终端和 UE 型路侧设备应支持系统启动验证功能、固件升级验证功能、程序更新和完整性验证功能以及环境自检功能，确保基础运行环境的安全。

4）车载终端和 UE 型路侧设备应支持访问控制和权限管理功能，确保系统接口、应用程序、数据不被越权访问和调用。

5）车载终端和 UE 型路侧设备应具有安全信息采集能力和基于云端的安全管理能力。设备可通过安全信息采集与分析发现漏洞与潜在威胁，同时上报云端，由云端平台修补相应漏洞，并通知其他终端防止威胁扩散。

6）车载终端和 UE 型路侧设备应具有入侵检测和防御能力。设备可通过分析车内应用的特点制定检测和防御规则，检测和隔离恶意消息。将可能的恶意消息进一步上报给云端平台进行分析和处理。

除了上述共同的安全需求外，UE 型路侧设备还应支持物理安全防护能力、防拆卸或拆卸报警能力、部署位置变动的报警能力等。gNB 型路侧设备可参考现有 gNB 设备安全技术要求及安全防护要求进行安全保护。

6.2　5G +智能电网

6.2.1　5G +智能电网概述

5G 与智能电网的结合催生了多种新型应用场景，这些应用场景分别利用了 5G 网络的低时延、高带宽和大连接等优势。下面举例说明 5G 赋能智能电网后的各项应用场景。

1. 配电自动化

5G 网络的低时延和高可靠技术保障了配电自动化业务的信息传递，能够实现线路故障毫秒级的精准判别，快速隔离故障区域并恢复区域供电。具体来说，电网配网主站与配网设备间可通过 5G 网络快速完成配电环节数据和指令交互，上行传输遥信状态和遥测数据，下行传输遥控指令，如图 6-4 所示。

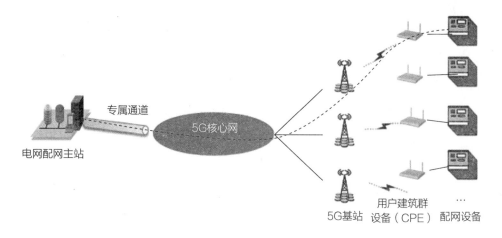

图 6-4　配电自动化示意图

2. 精准负荷控制

通过 5G 网络的低时延响应和高可靠传输，电网负荷信息能够快速反馈到控制中心。根据用电客户重要性，可实现客户内部可中断负荷的毫秒级业务响应，进行快速负荷切换，提升供电可靠性。由于传统配电网络缺少通信网络支持，通常只能排除整条配电线路。通过精准负荷控制，可优先排除可中断非重要负荷，例如电动汽车充电桩、工厂内部非连续生产的电源等。精准负荷控制如图 6 - 5 所示。

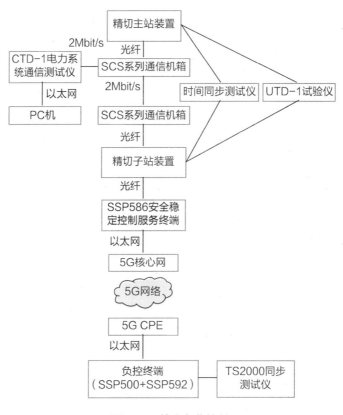

图 6 - 5　精准负荷控制

3. 差动保护

差动保护把被保护的电气设备连同其线路看成是一个节点。当设备正常运转时，流进被保护设备的电流和流出的电流相等，即差动电流等于零。当设备或线路出现故障时，流进被保护设备的电流和流出的电流不相等，差动电流大于零。当差动电流大于差动保护装置的整定值时，上位机报警并发出"保护出口"指令，将被保护设备的各侧断路器跳开，断开故障设备电源。电网通信以光纤为主，但 35kV 以下的配网未实现光纤全覆盖，且部署场景复杂多样，需要 5G 网络提供支撑。

4. 无人机/机器人巡检、变电站综合监控

5G 网络的高带宽、高可靠传输特性可将输变电线路、变电站高清监控视频传输到电网。数据分析中心综合分析后，进行险情预判和处理，提升电网可靠性。考虑到人员不易抵达高压配变电站、高压输电线路等危险区域，可以通过采用机器人、无人机等方式携带无线摄像机，代替人工回传变电站、配电站等场景的高清视频信息，在保障巡检人员生命安全的前提下，提升巡检效率和电网可靠性。基于 5G 的电力自动化巡检及综合监控示意如图 6 - 6 所示。

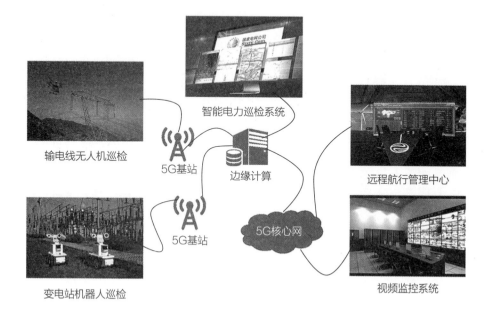

图 6 - 6　基于 5G 的电力自动化巡检及综合监控示意图

5. 高级计量

通过 5G 网络的大连接特性将海量电表数据反馈到电网子站/主站，并通过 5G 网络的广覆盖特性解决复杂环境中应用终端的连接问题。高级计量以智能电表为基础，通过 5G 网络在智能电表与电网主站之间传输用电数据，开展用电信息深度采集，满足智能用电和个性化客户服务需求。

6. 电力应急

通过自组织网络融合无线网关、5G 应急通信车和边缘计算设备，利用 5G 网络大带宽和边缘计算特性，使用 5G 无线公网，实时回传变电站等应急场所高清视频，开展远程协商，高效监控现场状态，为决策提供依据。

6.2.2 5G + 智能电网存在的安全问题与风险

智能电网作为典型的垂直行业代表，对通信网络提出了新的挑战。电网业务多样性的要求需要一个功能灵活可编排的网络，高可靠性的要求需要隔离的网络，毫秒级超低时延的要求需要极致能力的网络。4G 网络中所有业务都运行在同一个网络里面，业务之间相互影响，无法满足电网关键业务隔离的要求。同时，4G 网络对所有的业务提供相同的网络功能，无法匹配电网多样化的业务需求。在此背景下，5G 推出网络切片来应对垂直行业的多样化网络连接需求。虽然网络切片能够满足智能电网差异化服务需求，但其引起的安全威胁也不容忽视，主要有以下几点：

1）由于不同网络切片共享物理资源，攻击者可能滥用网络切片弹性，导致网络切片退出服务。

2）不同网络切片间共享部分核心网控制面功能，如网络切片选择功能（NSSF）、认证管理功能（AMF）等，这些共享的功能可能会成为攻击的"桥梁"。

3）某些终端可以同时接入多个网络切片，这些终端也可能会成为攻击的"桥梁"。

4）资源调度方式（如共享资源、专用资源）和实现方式（如独立无线资源控制、共享无线资源控制）都会影响网络切片隔离程度。

5）设备自身的安全漏洞或错误的系统配置都会导致网络设备受到攻击而退出服务，或成为攻击的"桥梁"。

6.2.3　5G＋智能电网切片安全发展建议

网络应根据不同终端或业务的安全需求，提供差异化的安全服务。另外，不同的网络切片应配置差异化的安全机制，用于平衡安全性和网络运行效率。

1. 按需安全服务

依据终端类型和业务类型，提供静态或动态安全服务。

1）在静态安全服务中，基于终端类型或业务类型等，将不同电力业务数据映射到相应的网络切片中，并提供所需的安全服务、安全强度及网络切片间的安全隔离机制。

2）在动态安全服务中，根据终端、业务需求的变化，自动启动/终止网络切片实例、删除/添加网络切片中的安全功能、扩容/缩容网络切片中的具体网络功能。

2. 差异化网络切片安全机制

基于不同电力业务的安全需求设计相应的网络切片类型。每种网络切片类型可从以下角度提供不同强度的安全服务。

1）不同的认证机制（如认证协议、认证算法）。

2）不同业务数据的安全防护能力（如机密性、完整性等）。

3）不同的安全防护强度（涉及加密算法、密钥长度、密钥更新周期等）。

4）不同粒度的接入控制/业务授权。

5）不同的网络切片隔离方式。

3. 安全性和传输效率之间的平衡

安全性与传输效率之间的矛盾是不可调和的，提供高安全性服务势必会牺牲网络的传输效率。因此，需要合理评估不同类型业务对安全性和传输效率的需求，灵活平衡 5G + 智能电网的安全性和传输效率。

6.3　5G + 智慧城市

6.3.1　5G + 智慧城市概述

根据 ISO（国际标准化组织）的定义，智慧城市指在已建环境中对物理系统、数字系统、人类系统进行有效整合，从而为市民提供一个可持续的、繁荣的、包容性的综合环境系统。2012 年以来，智慧城市已成为国际城市化发展的热点之一，全球已启动或在建的智慧城市有 1000 多个，拥有 10 个以上启动或在建智慧城市的国家或地区分别是中国、美国、欧洲和印度，而且中国已经有超过 500 个城市明确提出或正在建设智慧城市，数量居全球之最。据前瞻产业研究院统计，2020 年国内智慧城市市场规模达到了 13 万亿元，预计 2022 年将增至 25 万亿元。

5G + 智慧城市侧重 5G 通信技术与城市现代化的深度融合与迭代演进，可进一步提升城市的公共服务效能与政府治理能力，更好地为人民服务，提高城市管理精准化、高效化与透明化程度。

6.3.2　5G + 智慧城市安全需求

1. 终端安全需求

5G 在智慧城市中的终端主要包含用户终端和物联网终端。终端数量巨大且分布广泛，易受到黑客的攻击。5G 智慧城市终端的安全需求主要包含终端自身安全和终端数据安全两方面。

1）终端自身安全。一方面，终端需要加固自身的软硬件安全，避免攻击者对终端进行物理破坏和信息窃取。另一方面，考虑到终端数量巨大，还应防止攻击者利用终端的软件漏洞控制终端，进而对网络其他设备发起 DDoS 攻击。

2）终端数据安全。终端作为数据的起止点，需要从源头上保证数据的机密性和完整性。针对不同安全等级的业务，终端应提供相应等级的数据加密功能。

2. 边缘计算网络的安全需求

边缘计算网络的安全需求主要包含节点的物理安全、网络的系统安全和不同网络间的隔离安全等。

1）边缘节点的物理安全。不同于数据中心的集中部署形式，边缘节点通常分散部署在靠近用户和数据源的地方。由于部署分散，对边缘节点的物理防护可能会出现纰漏。为了防止边缘节点被物理入侵、破坏，需要加强对边缘节点部署位置的物理防护，如增加监控摄像头、门禁等。

2）边缘网络的系统安全。与其他网络相同，边缘网络也需要防范来自攻击者的渗透，防止网络配置被修改、网络资源被非法占用或 IT 系统被植入木马而窃取数据等。

3）边缘网络与运营商网络的隔离安全。对于垂直行业用户，边缘网络通常部署在其工作园区内。考虑到企业数据的机密性，企业通常应要求数据不能离开园区范围，同时还应保护边缘网络免受来自运营商网络的渗透攻击。综上所述，应建立边缘网络与运营商网络间的安全隔离机制。

3.5G 网络安全需求

在 5G + 智慧城市案例中，由于 5G 网络覆盖了城市的各个角落，故 5G 网络的安全性在很大程度上影响着整个城市的信息安全。从 5G 网络的构成来看，5G 网络安全需求主要包括无线接入网安全、承载网安全、核心网安全和网络切片安全等。

1）无线接入网安全。无线接入网面临的安全威胁主要来自：

- 通过空口监听或篡改用户数据。
- 借助 UE 通过空口发起 DDoS 攻击。
- 伪基站等其他攻击源对空口的恶意干扰。

为了保障 5G 无线接入网的安全，应该部署相应安全措施以防范上述三个方面的安全威胁。

2）承载网安全。由于 5G + 智慧城市的所有数据都会通过公共的承载网进行传输，因此承载网需要根据不同业务的安全等级对数据进行安全隔离。同时，考虑到承载网传输的数据量巨大，承载网需要保证其高可用性和高可靠性。

3）核心网安全。5G 核心网是整个 5G 网络的"神经中枢"，需要重点关注自身的网络与系统安全。首先，5G 核心网需要防范来自外部的入侵，防止数据中心等核心设备被植入木马（用于窃取数据）。其次，核心网数据中心应及时做好数据容灾备份。最后，由于核心网中包含了多种网元设备，因此，核心网还应防范攻击的横向扩散，避免因单个网元被攻陷而导致整个核心网瘫痪。

4）网络切片安全。与 2G、3G、4G 网络不同，5G 网络引入了网络切片技术。从安全角度考虑，应做好不同网络切片间的安全隔离，避免不同网络切片间的交叉感染。同时，还应完善网络切片的安全接入和安全使用机制，避免网络切片资源的越权滥用。

4. 行业安全需求

在 5G + 智慧城市的建设过程中，多种垂直行业的应用平台都基于 5G 网络进行部署，需保障数据安全、网络与系统安全。

1）数据安全。由于多种垂直行业存储或处理的数据量巨大，因此首先需要确保行业数据不被窃取泄露，保障数据的机密性、完整性和可用性。

2）网络与系统安全。为了保证垂直行业的应用平台安全，还应防止攻击者通过网络或应用 API 针对应用平台的漏洞发起攻击。

5. 应用安全需求

应用层由智慧城市向垂直行业或社会公众提供的各种软件构成，使用和管理这些软件的人群广泛，而且应用层直接关系到用户的使用体验。因此，需要从以下几个方面关注应用层的安全需求。

1）身份管理和访问控制。有些应用（如智慧政务系统）既面向管理员，又面向社会公众，这种受众面广泛的应用涉及的账号数量巨大、类别复杂。为了防止非法访问或越权访问，需要做好不同类别用户的身份管理和访问控制。

2）数据隐私保护。智慧城市应用涉及行业和个人用户的大量数据，需要确保数据不被篡改、泄露，保障数据的机密性、完整性和可用性。

3）防范电信诈骗。为了防范出现电话、短信等业务滥用现象，需要监测和防范利用行业应用平台实施诈骗、窃取信息等不法行为。

6.3.3　5G + 智慧城市安全发展建议

1. 加强安全顶层设计

建议从国家和地方政府层面加强 5G + 智慧城市应用和产业发展的安全顶层设计，坚持"发展与安全并重、鼓励与规范并举"的理念，建设 5G + 智慧城市的安全应用示范区和创新中心。

2. 加快安全技术攻关

5G + 智慧城市涉及跨部门、跨系统的信息交互，各环节均可能存在安全问题。综合国内外智慧城市发展现状，建议加大 5G + 智慧城市安全运营、安全态势感知等关键技术的攻关力度。

3. 加速安全生态共建

建议团结 5G 设备供应商、网络服务供应商、垂直行业客户等各相关方，围绕上述 5G + 智慧城市安全需求，协同建立 5G 新型智慧城市应用的安全生态体系。

参 考 文 献

［1］ 孙明华，王继勇，董雷，等. 围堵华为 ［J］. 创新世界周刊，2019（6）：26 – 31.

［2］ 罗克研. 华为"断芯"　中国半导体制造任重道远 ［J］. 中国质量万里行，2020
（10）：26 – 28.

［3］ 董枳君. 华为"芯"痛 ［J］. 商学院，2020（10）：9 – 12.

［4］ 黄劲安，曾哲君，蔡子华，等. 迈向 5G：从关键技术到网络部署 ［M］. 北京：人民
邮电出版社，2018.

［5］ 张平，牛凯，田辉，等. 6G 移动通信技术展望 ［J］. 通信学报，2019，40（1）：141 – 148.

［6］ 刘超，陆璐，王硕，等. 面向空天地一体多接入的融合 6G 网络架构展望 ［J］. 移动
通信，2020，44（6）：116 – 120.

［7］ 刘光毅，金婧，王启星，等. 6G 愿景与需求：数字孪生、智能泛在 ［J］. 移动通信，
2020，44（6）：3 – 9.

［8］ PANWAR N, SHARMA S, SINGH A K. A survey on 5G：the next generation of mobile
communication ［J］. Physical Communication, 2016, 18：64 – 84.

［9］ WANG C X, HAIDER F, GAO X, et al. Cellular architecture and key technologies for 5G
wireless communication networks ［J］. IEEE communications magazine, 2014, 52（2）：
122 – 130.

［10］ HASSAN N, YAU K L A, WU C. Edge computing in 5G：a review ［J］. IEEE Access,
2019, 7：127276 – 127289.

［11］ MA Z, ZHANG Z Q, DING Z G, et al. Key techniques for 5G wireless communications：
network architecture, physical layer, and MAC layer perspectives ［J］. Science China
（Information Sciences）, 2015, 58（4）：5 – 24.

［12］ AGIWAL M, ROY A, SAXENA N. Next generation 5G wireless networks：a comprehensive
survey ［J］. IEEE Communications Surveys & Tutorials, 2016, 18（3）：1617 – 1655.

［13］ HERRERA J G, BOTERO J F. Resource allocation in NFV：a comprehensive survey ［J］.
IEEE Transactions on Network and Service Management, 2016, 13（3）：518 – 532.

［14］ KREUTZ D, RAMOS F M V, VERISSIMO P E, et al. Software – defined networking：a
comprehensive survey ［J］. Proceedings of the IEEE, 2014, 103（1）：14 – 76.

［15］ 李子姝，谢人超，孙礼，等. 移动边缘计算综述［J］. 电信科学，2018，34（1）：87 – 101.

［16］ 董春利，王莉. 移动边缘计算的系统架构和关键技术分析［J］. 无线互联科技，2019，16（13）：131 – 132.

［17］ KHAN R, KUMAR P, JAYAKODY D N K, et al. A survey on security and privacy of 5G technologies：potential solutions，recent advancements and future directions［J］. IEEE Communications Surveys & Tutorials，2019，22（1）：196 – 248.

［18］ CAO J, MA M, LI H, et al. A survey on security aspects for 3GPP 5G networks［J］. IEEE Communications Surveys & Tutorials，2019，22（1）：170 – 195.

［19］ LI J Q, YU F R, DENG G, et al. Industrial internet：a survey on the enabling technologies，applications，and challenges［J］. IEEE Communications Surveys & Tutorials，2017，19（3）：1504 – 1526.

［20］ ZHANG S, WANG Y, ZHOU W. Towards secure 5G networks：a survey［J］. Computer networks，2019，162（24）：1 – 22.

［21］ 贾彦颖. 5G 带来万物互联　也让安全备受挑战［J］. 人民法治，2019，65（17）：14 – 16.

［22］ GUPTA A, JHA R K. A survey of 5G network：architecture and emerging technologies［J］. IEEE Access，2015，3：1206 – 1232.

［23］ NUNES B A A, MENDONCA M, NGUYEN X N, et al. A survey of software-defined networking：past，present，and future of programmable networks［J］. IEEE Communications Surveys & Tutorials，2014，16（3）：1617 – 1634.

［24］ 闵璐. 基于物联网背景的 5G 通信技术运用分析［J］. 电子世界，2020（9）：182 – 183.

［25］ 储伟，燕亚兰. 5G 应用场景业务流量模型仿真平台研究［J］. 通信与广播电视，2020（2）：6 – 12.

［26］ 席文，黄超，翟尤，等. 5G 应用安全风险及需求展望［J］. 中国信息安全，2019（7）：88 – 89.

［27］ 杨旭，肖子玉，邵永平，等. 面向 5G 的核心网演进规划［J］. 电信科学，2018，34（7）：162 – 170.

［28］ 刘艳丽. 5G 核心网标准进展综述［J］. 数字通信世界，2017（8）：239.

［29］ 邢学华. 5G 背景下大数据对高校网络舆情治理的影响研究［J］. 信息与电脑（理论版），2020，32（17）：255 – 256.

［30］ 张彭. 大数据安全背景下欧盟《通用数据保护条例（GDPR）》研究［D］. 上海：华东师范大学，2020.

［31］邬贺铨. 大数据驱动5G网络与服务优化［J］. 大数据，2018，4（6）：1-8.

［32］郭丽娟. 云计算的安全风险及对策思考［J］. 信息通信，2015（7）：149.

［33］戚建国. 基于云计算的大数据安全隐私保护的研究［D］. 北京：北京邮电大学，2015.

［34］刘婷婷. 面向云计算的数据安全保护关键技术研究［D］. 郑州：解放军信息工程大学，2013.

［35］NI J，LiN X，SHEN X S. Efficient and secure service-oriented authentication supporting network slicing for 5G-enabled IoT［J］. IEEE Journal on Selected Areas in Communications，2018，36（3）：644-657.

［36］张星，姚美菱，李莉，等. 物联网终端设备的安全挑战与保障分析［J］. 电信快报，2019（8）：34-36.

［37］EL-LATIF A A A，ABD-EL-ATTY B，MAZURCZYK W，et al. Secure data encryption based on quantum walks for 5G internet of things scenario［J］. IEEE Transactions on Network and Service Management，2020，17（1）：118-131.

［38］DAI C，LIU X，LAI J，et al. Human behavior deep recognition architecture for smart city applications in the 5G environment［J］. IEEE Network，2019，33（5）：206-211.

［39］易玉根. 基于全局与局部信息的人脸识别研究［D］. 长春：东北师范大学，2015.

［40］于春青. 基于非对称放置双目摄像头的驾驶员姿态监控分析［D］. 南京：南京理工大学，2007.

［41］NIE A，ZEHNDER A，PAGE，R L，et al. Deep Tag：inferring diagnoses from veterinary clinical notes［J］. NPJ Digital Medicine，2018，1（1）：1-8.

［42］TULU M M，MKIRAMWENI M E，HOU R，et al. Influential nodes selection to enhance data dissemination in mobile social networks：a survey［J］. Journal of Network and Computer Applications，2020（8）：169.

［43］杜淑颖，丁世飞. 基于六度分割理论的社交好友推荐算法研究［J］. 南京理工大学学报，2019，43（4）：468-473.

［44］GANDOTRA P，JHA R K，JAIN S. A survey on device-to-device（D2D）communication：architecture and security issues［J］. Journal of Network and Computer Applications，2017，78：9-29.

［45］王颖，倪有鹏. 社交物联网（SIoT）及其安全综述［J］. 电子技术与软件工程，2019（6）：192-193.

［46］百分点大数据技术团队. 构建强大的数据分析系统　做好舆情分析［N］. 中国信息

化周报，2020 – 11 – 23（12）．

［47］杜乐谊．大数据在突发事件网络舆情分析中的应用［J］．中国信息化，2020（11）：54 – 55．

［48］刘九如．确保工业互联网安全［J］．中国信息化，2019（9）：3 – 5．

［49］本刊编辑部．迈向互联网下半场　工业互联网安全新机遇新挑战［J］．中国信息安全，2019（6）：44 – 45．

［50］SERROR M，HACK S，HENZEM，et al. Challenges and opportunities in securing the industrial internet of things［J］．IEEE Transactions on Industrial Informatics，2020，17（5）：2985 – 2996．

［51］冯登国，徐静，兰晓．5G 移动通信网络安全研究［J］．软件学报，2018，29（6）：1813 – 1825．

［52］汤凯．基于 5G 的垂直行业安全新特征与对策［J］．中兴通讯技术，2019，25（4）：50 – 55．

［53］席文，黄超，翟尤，等．5G 应用安全风险及需求展望［J］．中国信息安全，2019（7）：88 – 89．

［54］夏旭，朱雪田，梅承力，等．5G 切片在电力物联网中的研究和实践［J］．移动通信，2019，43（1）：63 – 69．

［55］DUTTA S D，PRASAD R．Security for smart grid in 5G and beyond networks［J］．Wireless Personal Communications，2019，106（1）：261 – 273．

［56］陈武晖，陈文淦，薛安成．面向协同信息攻击的物理电力系统安全风险评估与防御资源分配［J］．电网技术，2019，43（7）：2353 – 2360．